NATALIE GUZMAN

L'IMPRESSION 3D POUR LES DÉBUTANTS ET LES PASSIONNÉS

LE MANUEL D'IMPRESSION 3D FDM SIMPLE ET RAPIDE

Copyright © 2024 by Natalie Guzman

© Copyright 2024 - Tous droits réservés.

Le contenu de ce livre ne peut être reproduit, dupliqué ou transmis sans l'autorisation écrite directe de l'auteur ou de l'éditeur. En aucune circonstance, aucune responsabilité légale ou blâme ne sera attribué à l'éditeur ou à l'auteur pour des dommages, réparations ou pertes monétaires dus à l'information contenue dans ce livre, que ce soit directement ou indirectement.

Avis juridique : Ce livre est protégé par le droit d'auteur. Il est uniquement destiné à un usage personnel. Vous ne pouvez pas modifier, distribuer, vendre, utiliser, citer ou paraphraser une partie, ou le contenu de ce livre, sans le consentement de l'auteur ou de l'éditeur.

Avis de non-responsabilité : Veuillez noter que l'information contenue dans ce document est uniquement à des fins éducatives et de divertissement. Tous les efforts ont été déployés pour présenter des informations exactes, à jour, fiables et complètes. Aucune garantie de quelque nature que ce soit n'est déclarée ou implicite. Les lecteurs reconnaissent que l'auteur ne fournit pas de conseils juridiques, financiers, médicaux ou professionnels. Le contenu de ce livre provient de diverses sources. Veuillez consulter un professionnel agréé avant de tenter toute technique décrite dans ce livre.

En lisant ce document, le lecteur accepte qu'en aucune circonstance l'auteur ne soit responsable des pertes, directes ou indirectes, encourues à la suite de l'utilisation des informations contenues dans ce document, y compris, mais sans s'y limiter, les erreurs, omissions ou inexactitudes.

First edition

This book was professionally typeset on Reedsy.
Find out more at reedsy.com

Contents

INTRODUCTION	iv
1 IMPRESSION 3D : CE QUE VOUS DEVEZ SAVOIR	1
2 MODÈLES D'IMPRIMANTE 3D À CONSIDÉRER	20
3 ACCESSOIRES INDISPENSABLES POUR IMPRIMANTE 3D	41
4 CHOISIR LES MATÉRIAUX D'IMPRESSION	56
5 LOGICIEL D'IMPRESSION 3D	93
6 PREMIÈRE IMPRESSION : INSTRUCTIONS ÉTAPE PAR ÉTAPE	112
7 10 ERREURS COMMUNES EN IMPRESSION 3D	124
CONCLUSION	139
ÉCRIRE UN COMMENTAIRE	141
RÉFÉRENCES	142

INTRODUCTION

D'accord, vous avez été convaincu par l'idée de l'impression 3D. Peut-être avez-vous vu des amis, de la famille ou des inconnus sur Internet qui ont acheté des modèles domestiques d'imprimantes 3D et produit des choses incroyables : des jouets et des figurines, des décorations d'intérieur et des lampes, des gadgets et des outils, et même des modèles grandeur nature de R2-D2.

Peut-être avez-vous vu des imprimantes 3D utilisées dans des environnements industriels et d'ingénierie, permettant le prototypage rapide de pièces et de matériel.

Ou peut-être avez-vous vu la multitude incroyable d'utilisations avancées de cette technologie : des prothèses médicales aux pièces automobiles en passant par des maisons entières.

Et maintenant, vous pensez : « J'aimerais pouvoir créer n'importe quoi, depuis le confort de ma propre maison. »

Quoi que ce soit qui vous ait accroché, vous êtes accro. Vous avez lu des critiques de différents modèles d'imprimantes 3D en ligne ; vous avez décidé de ce que vous allez fabriquer avec votre nouveau gadget. Peut-être avez-vous même déjà fait un achat.

Et puis il vous vient à l'esprit : « Je n'ai aucune idée de comment utiliser une imprimante 3D. »,

Maintenant, vous êtes en ligne, à regarder des comparaisons de types de filaments et à vous demander quelle est la différence entre PET et PETT. Les sites parlent de télécharger des fichiers STL, mais vous ne savez même pas ce qu'est un fichier STL ni comment l'ouvrir. Vous ne savez rien des modèles 3D ou de la fabrication de coques d'iPhone en plastique. Vous êtes complètement dépassé. Et soudain, vous n'êtes plus si sûr que l'achat d'une imprimante 3D soit une bonne idée.

Cela vous semble familier ? Vous vous sentez dépassé en vous demandant si l'impression 3D n'est peut-être pas trop avancée pour vous ? C'est pour cela que ce livre existe.

Je suis Natalie Guzman. J'étudie l'impression 3D depuis sept ans, et je pense que ces imprimantes sont des machines incroyables ! Elles ont un potentiel incroyable pour donner à des gens ordinaires comme vous et moi la capacité de créer des objets amusants, utiles, beaux, ou les trois ; je ne me lasse jamais de voir quelque chose apparaître là où il n'y avait rien auparavant.

Mais mon expérience avec les imprimantes 3D m'a aussi appris qu'il n'est pas toujours facile de les faire fonctionner comme on s'y attend. Malheureusement, il est très facile pour les débutants de commencer avec enthousiasme leur nouvelle imprimante mais ensuite de se retrouver bloqués par un problème ou un autre, de devenir frustrés et d'abandonner complètement. J'ai certainement traversé des périodes comme ça, et à l'époque, j'aurais aimé avoir un livre de conseils et astuces utiles pour commencer et éviter les problèmes de base. Maintenant que j'ai sept ans d'expérience derrière moi, j'ai décidé d'écrire le genre de livre que j'aurais aimé avoir !

Je vais vous introduire dans le monde de l'impression 3D, en commençant par le tout début : vous n'avez pas besoin de savoir faire grand-chose, sauf allumer votre ordinateur et chercher des choses sur Internet. (Si vous avez déjà quelques connaissances sur l'impression 3D et cherchez des informations plus intermédiaires, vous voudrez peut-être jeter un œil aux livres suivants de notre série sur l'impression 3D.)

Nous commencerons par un aperçu de l'impression 3D : ce que c'est, à quoi ça sert et quand c'est utile. Ensuite, nous discuterons de ce que vous devez acheter pour commencer, comment commencer et comment résoudre les problèmes lorsqu'ils surviennent. Tout au long du livre, je vous donnerai des instructions étape par étape et de nombreux conseils et astuces utiles.

J'espère que vous trouverez ce livre comme une référence utile, à la fois à lire lorsque vous commencez et à consulter à l'avenir. L'impression 3D est très amusante ; c'est quelque chose que vous pouvez bricoler sans fin en trouvant de nouvelles choses à imprimer et en découvrant les meilleurs processus. Mais c'est aussi quelque chose qui peut causer de la frustration lorsque les choses ne fonctionnent pas comme prévu, surtout au début. J'espère vous aider à éviter les pièges auxquels les nouveaux propriétaires d'imprimantes 3D sont confrontés.

À la fin de ce livre, vous imprimerez avec facilité ! Vous saurez comment trouver un fichier pour le projet que vous voulez créer et guider ce projet jusqu'à son achèvement. Vous créerez facilement des objets pour le plaisir, pour utiliser autour de votre maison et plus encore. Et vous aurez les connaissances nécessaires pour éviter certains problèmes courants.

Êtes-vous prêt à commencer avec l'impression 3D ? Alors allons-y !

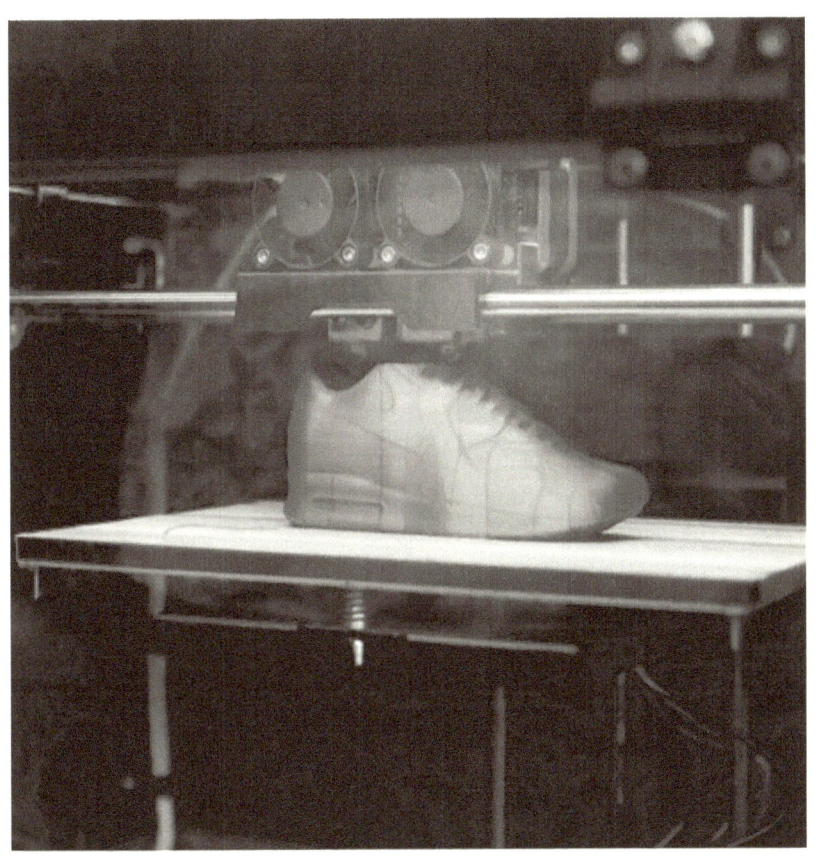

1

IMPRESSION 3D : CE QUE VOUS DEVEZ SAVOIR

Commençons, comme le dit la chanson, par le tout début.

QU'EST-CE QUE L'IMPRESSION 3D ?

Bien que le mot « impression » puisse vous faire penser à une imprimante informatique, l'impression 3D n'a que très peu en commun avec cela.

Définition : L'impression 3D désigne de nombreux types de procédés impliquant une machine contrôlée par ordinateur utilisant un certain type de matériau pour former un objet en 3D. Souvent, le matériau est déposé en couches, et les couches se fusionnent souvent pour former un objet solide.

Dans ce livre, nous parlerons des imprimantes 3D grand public : généralement assez petites pour tenir sur votre table de cuisine, abordables et utilisées par les amateurs. Mais ce ne sont pas les seules sortes d'imprimantes 3D ; ces machines sont utilisées depuis de nombreuses années pour une variété d'usages différents.

Il semble assez approprié que la toute première référence à une idée ressemblant à l'impression 3D vienne d'une histoire de science-fiction, étant donné la fantastique technologie que c'est. Raymond F. Jones, dans une nouvelle intitulée « Tools of the Trade », a fait référence à une technologie très semblable à l'impression 3D d'aujourd'hui. Mais ce n'est que dans les années 1970 que les gens ont commencé à penser sérieusement à la possibilité d'utiliser ce genre de procédé dans le monde réel ; un brevet de 1971 décrit un processus de prototypage rapide utilisant du métal, et en 1974, le chimiste britannique David E. H. Jones a suggéré la possibilité de l'impression 3D dans une chronique de magazine.

Un chercheur japonais a inventé en 1980 un processus de fabrication additive pour créer des objets tridimensionnels en plastique, mais cela n'a jamais vraiment pris. D'autres groupes et individus dans le monde entier ont commencé à travailler sur leurs propres technologies au cours de la décennie. À la fin des années 1980, deux technologies importantes ont été développées : Chuck Hull a inventé la stéréolithographie, qui impliquait une résine activée par la lumière, tandis que S. Scott Crump a développé le dépôt de matière fondue, dont nous parlerons plus tard.

C'est à ce moment-là que l'idée de l'impression 3D a vraiment décollé. Mais à l'époque, ces machines étaient principalement utilisées pour le prototypage rapide dans des contextes industriels, manufacturiers et d'ingénierie.

Qu'est-ce que le prototypage rapide, me demandez-vous ? Eh bien, supposons que vous concevez un nouveau boîtier pour un détecteur de fumée que vous fabriquez. Vous réalisez toute la conception dans un programme de CAO (conception assistée par ordinateur), et tout semble correspondre à ce que vous souhaitez, mais maintenant quoi ? Vous avez besoin d'obtenir un produit physique entre vos mains afin de pouvoir le tester, le critiquer et le peaufiner. Mais comment allez-vous faire cela ? De nombreuses installations d'ingénierie n'ont pas les machines nécessaires pour fabriquer ces boîtiers. Si vous vous trouvez dans l'une de ces installations, vous devrez envoyer cette conception à une autre entreprise qui a cette capacité. Ils fabriqueront votre prototype et vous le renverront. À ce stade, vous le testerez et le soumettrez à d'autres personnes, et en fonction de vos conclusions, vous ajusterez la conception, mais cela signifie que vous devrez à nouveau l'envoyer en fabrication. Puis ils devront vous le renvoyer... comme vous pouvez le voir, cela peut impliquer beaucoup d'allers-retours, beaucoup de tracas et beaucoup de temps perdu. Si vous avez une imprimante 3D, cependant, vous pouvez rapidement créer ce prototype en interne en quelques heures et vous épargner beaucoup de temps et d'argent. C'est ce que nous entendons par « prototypage rapide ».

Cette technologie a également une utilisation manufacturière en dehors du prototypage rapide ; elle peut être utilisée pour créer non seulement des prototypes mais aussi des produits finis. Elle peut être un outil de fabrication utile, surtout lorsque vous n'avez pas besoin d'une quantité suffisante du produit final pour justifier une production de masse. De nombreuses premières technologies d'impression 3D impliquaient la création d'objets en métal, généralement en utilisant du métal en poudre et des lasers et autres. Dans les applications industrielles, de tels procédés sont souvent appelés « fabrication additive ».

Définition : La fabrication additive désigne les technologies qui vous permettent de créer des objets en 3D en ajoutant du matériau couche par couche (ceci est en contraste avec de nombreuses méthodes de fabrication traditionnelles, comme l'usinage ou le fraisage, où le matériau est enlevé). « Fabrication additive » et « impression 3D » sont souvent utilisés de manière interchangeable, bien que le premier soit généralement utilisé dans les contextes de fabrication, et non pour l'impression amateur à domicile dont nous parlons ici.

De nos jours, l'impression 3D est utilisée pour toutes sortes d'applications différentes, et elles n'utilisent pas seulement du métal ou du plastique comme matériaux. Le domaine médical utilise l'impression 3D depuis un certain temps ; dès 2006, l'Institut Wake Forest pour la Médecine Régénérative a imprimé en 3D une structure sur laquelle ils ont fait croître une vessie de remplacement pour un patient. L'impression 3D permet également aux médecins de créer des implants et des dispositifs personnalisés pour des patients spécifiques ; par exemple, en 2012, des médecins aux Pays-Bas ont pu créer une mâchoire en titane à implanter chez un patient souffrant d'une infection osseuse chronique. Un autre exemple précoce est survenu en 2014, lorsque des médecins au Pays de Galles ont imprimé en 3D des plaques et des implants pour les aider à reconstruire le visage d'un patient après un accident de moto.

Les imprimantes 3D ont également été utilisées pour créer des membres prothétiques. Peut-être que le domaine le plus étonnant est celui de la bio-impression, qui se concentre sur la possibilité d'imprimer en 3D des organes et des tissus, avec de nombreux résultats très prometteurs jusqu'à présent. Les possibilités de cette technologie pour les applications médicales sont infinies et ne feront que devenir plus complexes et impressionnantes avec le temps.

Si vous êtes trop sensible pour l'idée d'imprimer des tissus, que diriez-vous de lunettes ? Certaines entreprises ont commencé à expérimenter l'impression 3D de montures de lunettes. Cela signifie que vous pouvez personnaliser complètement vos lunettes pour qu'elles s'adaptent à votre visage, car chaque paire est imprimée spécialement.

L'impression 3D a également été utilisée pour créer des pièces pour voitures et avions. L'impression 3D de métal permet une production rapide de pièces complexes ; ces pièces peuvent souvent être conçues pour être plus légères que leurs homologues traditionnelles. Toyota expérimente des intérieurs imprimés en 3D, et de nombreuses start-ups et groupes de recherche travaillent sur ou ont créé des voitures fabriquées en grande partie ou entièrement à partir de pièces imprimées en 3D (sauf, bien sûr, quelques pièces comme les pneus). Je suis particulièrement enthousiasmé par une voiture produite par l'Université Technologique de Nanyang à Singapour, qui est partiellement alimentée par l'énergie solaire. Et une entreprise américaine appelée Local Motors a produit Olli, une navette autonome entièrement imprimée en 3D, qui a déjà été déployée sur des campus universitaires et commerciaux ainsi que dans les rues publiques aux États-Unis, en Italie et en Arabie Saoudite. À l'heure actuelle, ces véhicules ne sont généralement pas disponibles à l'achat public, bien que nous espérons qu'ils le seront bientôt. En attendant, il est prévu que le marché des voitures imprimées en 3D atteindra une industrie de 5,3 milliards de dollars d'ici 2023.

Les musées ont trouvé l'impression 3D utile pour créer des répliques d'objets de leurs collections ; ces répliques sont utilisées pour l'étude, pour créer des matériaux d'emballage personnalisés lorsque les objets doivent être déplacés, et plus encore. Une application intéressante est de permettre aux visiteurs malvoyants des musées d'interagir avec une réplique de ces pièces en les touchant, ce qu'ils ne seraient pas autorisés à faire avec une statue vieille de mille ans. Auparavant, la création de répliques d'objets impliquait la création d'un moule, ce qui pouvait endommager les surfaces délicates ; mais le fait de scanner et d'imprimer ensuite ces objets en 3D permet aux musées de les conserver en sécurité.

L'impression 3D a même fait son entrée dans le domaine de la nourriture : les imprimantes 3D ont été utilisées pour créer de la viande végétalienne, et la NASA envisage l'impression 3D de nourriture pour les astronautes. Et bien sûr, les possibilités pour des présentations culinaires créatives sont infinies.

Mon application inhabituelle préférée pour l'impression 3D ? Les bâtiments. De grandes imprimantes 3D spécialisées peuvent déposer des couches de béton, une à la fois, pour créer une maison pour 10 000 dollars ou moins en quelques jours à peine. Cette méthode a créé des maisons partout dans le monde, y compris toute une communauté de maisons pour des familles à faible revenu au Mexique, ainsi que des hôtels, des écoles et des bureaux. Bien que cela reste une méthode de construction inhabituelle, certaines entreprises font de leur mieux pour la faire avancer, et certaines de ces maisons à travers le monde sont désormais disponibles à l'achat, au cas où vous souhaiteriez une maison du futur.

Cependant, lorsque la plupart d'entre nous entendons le terme « imprimante 3D », nous pensons généralement aux imprimantes 3D grand public, destinées à être utilisées à la maison par des amateurs ; elles sont relativement bon marché et généralement assez petites pour tenir sur votre table de cuisine. Ce sont les imprimantes dont nous allons parler dans ce livre, et elles sont un développement relativement récent. L'idée de l'impression 3D a vraiment pénétré la conscience publique vers la fin de la première décennie des années 2000. En 2010, une entreprise appelée Makerbot est devenue la première entreprise à exposer une imprimante 3D (la Cupcake CNC) au Consumer Electronics Show. D'autres imprimantes 3D grand public ont commencé à être disponibles après cela, beaucoup d'entre elles étant d'abord financées par Kickstarter.

À partir de là, c'est devenu de plus en plus populaire comme passe-temps. Il existe maintenant de nombreuses imprimantes 3D grand public disponibles à divers prix. La communauté en ligne autour des imprimantes 3D grandit chaque jour. Il n'y a donc jamais eu de meilleur moment pour se lancer dans l'impression 3D !

QUELLES TECHNOLOGIES D'IMPRESSION EXISTENT ?

Comme je l'ai dit, il existe de nombreuses technologies d'impression différentes : différentes machines, différents procédés et différents matériaux. Dans ce livre, nous allons nous concentrer sur une technologie appelée FDM.

FDM

Pour le type d'imprimantes 3D grand public dont nous parlons, la technologie la plus courante est le dépôt de fil fondu, ou FDM. Bien que d'autres options soient disponibles, la facilité d'utilisation et la précision du FDM en ont fait un choix populaire pour les imprimantes 3D grand public.

(Vous entendrez également parfois le terme « fabrication de filament fondu », ou FFF. Une entreprise appelée Stratasys détient une marque déposée sur le terme « dépôt de fil fondu ». Cependant, leur brevet sur la technologie a expiré en 2009, ce qui a permis à Makerbot de créer sa première imprimante 3D grand public cette année-là. Cette imprimante, comme vous l'aurez deviné, utilisait la technologie FDM.)

Définition : Le FDM est une technologie d'impression 3D impliquant l'extrusion d'un matériau thermoplastique à travers une buse sur une tête d'impression. La tête d'impression est contrôlée par un ordinateur et dépose le matériau une couche à la fois sur le lit d'impression pour construire le produit final.

Dépôt de matière fondue (FDM)

Définition : Le thermoplastique désigne un matériau polymère plastique qui devient malléable lorsqu'il est chauffé mais se solidifie lorsqu'il refroidit.

Définition : Le lit d'impression, également connu sous le nom de surface de construction, plateforme de construction ou plaque de construction, est la surface plane sur laquelle le matériau thermoplastique est déposé.

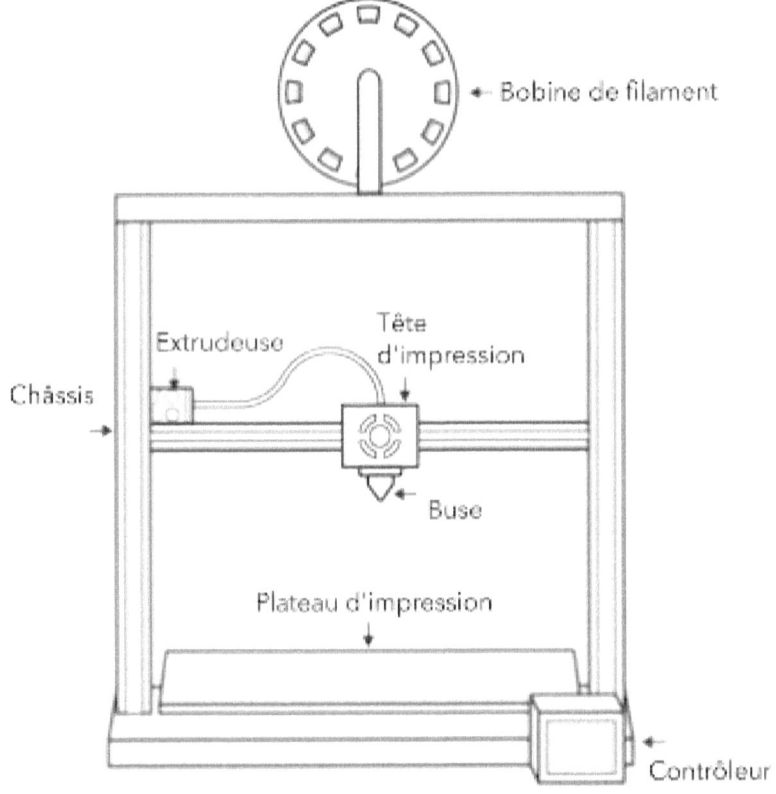

Les pièces d'une imprimante 3D

Décomposons-le en étapes faciles à comprendre :

1. Vous commencez avec un matériau thermoplastique sous forme de filament continu, comme une ficelle, généralement stocké sur une bobine.
2. Le filament est alimenté par un extrudeur jusqu'à la tête d'impression. Sur la tête d'impression se trouve une buse, où le filament est chauffé jusqu'à ce qu'il devienne mou, puis extrudé.
3. La tête d'impression se déplace selon les instructions que vous lui avez données via un fichier informatique (utilisant un langage appelé G-code), déposant une seule couche de matériau sur le lit d'impression.
4. Une fois qu'une couche est terminée, l'imprimante commence à déposer une seconde couche. Après avoir été déposé, le matériau chaud refroidit, se fusionnant avec la couche en dessous : d'où le nom "modélisation par dépôt de fil fondu". La durée de ce processus varie en fonction de la taille et de la complexité de l'objet ; cela peut prendre des minutes, des heures, ou, pour des objets particulièrement complexes et de haute qualité, des jours.

Autres technologies d'impression

Il existe de nombreuses autres options, impliquant souvent des matériaux spéciaux et des lasers spéciaux (et des imprimantes très coûteuses). Pour les imprimantes 3D grand public, après le FDM, la technologie la plus populaire est probablement la résine.

Définition : L'impression en résine est une technologie d'impression 3D où un écran LCD est utilisé pour durcir une résine spéciale en couches sur un lit d'impression.

L'impression en résine est un processus complètement différent du FDM. Elle implique une cuve de résine spéciale avec un écran LCD en dessous. Un lit d'impression est abaissé dans la cuve, et l'écran LCD projette la forme souhaitée de la première couche de l'objet. Cela fait durcir la résine sur le lit d'impression dans cette forme. Ensuite, comme pour l'impression FDM, ce processus est répété encore et encore pour construire l'objet en une série de couches.

Parce que c'est un processus tellement différent du FDM, nous ne le couvrirons pas dans ce livre. Je le mentionne en partie parce qu'il est bon de savoir ce qui existe – certaines personnes passent de l'impression FDM à l'impression en résine – et en partie parce que vous pouvez parfois entendre parler d'objets imprimés en 3D ayant besoin de temps pour durcir sous une lumière spéciale. Je suis là pour vous assurer que cela ne concerne que les objets imprimés en résine, et non les objets imprimés en FDM.

POURQUOI SE LANCER DANS L'IMPRESSION 3D ?

J'ai une réponse simple à cette question : parce que c'est le bon moment ! L'impression 3D est un excellent passe-temps pour tous ceux qui aiment les nouveaux gadgets et la technologie, qui aiment bricoler, qui aiment créer des choses. Certaines personnes se lancent dans l'impression 3D uniquement pour le plaisir, parce qu'elles aiment comprendre comment faire fonctionner les choses. D'autres personnes impriment des objets utiles qu'elles utiliseront réellement, donneront ou exposeront dans la maison ; mon beau-frère m'a une fois surpris avec des emporte-pièces en forme de mon visage !

L'impression 3D est extrêmement populaire parmi les amateurs de jeux de société et de jeux de table : vous pouvez utiliser votre imprimante pour créer des figurines ou des accessoires de jeux de société. En fait, un créateur dont j'adore le travail est Ristow Designs (ristowdesigns.com, ou consultez leur page Etsy), qui fabrique des accessoires incroyables pour Settlers of Catan, y compris des coupelles pour les pièces, des porte-cartes et des plateaux entiers composés d'hexagones magnétiques et modulaires pour faciliter le jeu et prolonger la durée de vie des tuiles. J'adore cet exemple d'utilisation de l'impression 3D pour rendre les choses un peu plus fluides.

Un autre créateur, YoCo Art, pousse l'impression 3D à un autre niveau en fabriquant des œuvres d'art abordables et des décorations pour la maison qui peuvent être personnalisées selon différents styles et couleurs.

Les cosplayers et les amateurs d'Halloween impriment souvent en 3D des accessoires et des objets pour leurs costumes ; cela permet d'obtenir un niveau de précision et de durabilité difficile à atteindre si vous essayez simplement de sculpter l'objet dans du polystyrène.

Mon ami de YoCo Art (https://www.etsy.com/shop/YoCoArt?) utilise l'impression 3D pour concevoir des articles de décoration intérieure, y compris des pièces personnalisées, des sculptures, des décorations murales, des jardinières et d'autres objets décoratifs. Je vous invite à visiter l'Instagram de YoCo.

Construire ses propres droïdes est une activité populaire pour les fans de Star Wars, de nombreuses constructions impliquant des pièces imprimées en 3D ; imaginez-vous arriver à une fête du 4 mai avec une réplique grandeur nature de R2-D2 ! (Cependant, le faire bouger et émettre des sons nécessite un ensemble de compétences complètement différent pour lequel je ne pourrais absolument pas vous aider.)

Acheter une imprimante 3D est également un excellent moyen d'enthousiasmer un enfant ou un adolescent pour l'invention, le design et l'ingénierie. Quoi de mieux pour intéresser un enfant à la technologie que de lui permettre de choisir la conception d'un jouet et de le regarder apparaître sous ses yeux ? Et il y a d'autres avantages ; j'adore cette citation de Joel Leonard :

> *"Les enfants apprennent non seulement à concevoir et produire de nouveaux objets. Ils apprennent aussi à entretenir et maintenir les équipements. Ces compétences peuvent être transférées à de nombreuses professions lucratives, y compris l'ingénierie de la fiabilité où nous avons un besoin énorme et un potentiel de croissance."* — JOEL LEONARD, THE MAKERS' MAKER. MAKESBORO USA

Parlant de compétences utiles, les imprimantes 3D peuvent être un excellent outil éducatif. Dans un article de Torrey Trust et Robert W. Maloy (« Why 3D Print? The 21st-Century Skills Students Develop While Engaging in 3D Printing Projects »), les enseignants ont rapporté que les élèves qui utilisaient des imprimantes 3D dans le cadre de l'apprentissage en classe développaient un certain nombre de compétences utiles, notamment la créativité, la maîtrise des technologies, la résolution de problèmes, l'apprentissage autodirigé, la pensée critique et la persévérance. L'impression 3D en classe pourrait ouvrir les yeux des élèves à tout un nouveau monde d'ingénierie, de design et de technologie.

Mais l'impression 3D ne doit pas être purement éducative et divertissante ! De nombreuses personnes ont trouvé des moyens de gagner de l'argent grâce à l'impression 3D. Une recherche rapide de « 3D printed » sur Etsy révèle des centaines de milliers de produits à vendre, allant des bols pour chien personnalisés aux bijoux en passant par les bustes de personnes célèbres. J'ai un ami qui a obtenu la licence des personnages d'une émission de télévision, créé des figurines d'action de ces personnages et mis en place un site web pour les vendre en ligne. Certaines personnes font également des impressions personnalisées pour des clients qui n'ont pas leurs propres imprimantes 3D. Bien sûr, vous auriez besoin d'une imprimante de qualité pour cela, mais si vous en avez une, vous pourriez commencer à faire de la publicité en ligne et rechercher des personnes prêtes à engager vos services d'impression.

Comme vous pouvez le voir, l'impression 3D peut être faite pour le plaisir, pour l'éducation et pour le profit. Et lorsque vous vous engagez, vous pouvez vous retrouver dans un monde de « makers » : des bricoleurs comme vous qui aiment explorer de nouvelles idées et technologies, qui aiment repousser les limites du possible et explorer de nouvelles applications pour la technologie, qui aiment créer. L'une des choses que j'aime vraiment chez les passionnés d'impression 3D et les makers en général, c'est la volonté de partager ; de nombreuses technologies et projets d'impression 3D sont open source et basés sur du matériel ouvert. En fait, le projet qui a vraiment enthousiasmé beaucoup de gens à propos des imprimantes 3D personnelles, le projet RepRap, était un projet de conception ouverte. Nous sommes tous des bricoleurs, et nous voulons vous aider à bricoler aussi. Alors, adoptez l'esprit DIY et rejoignez-nous !

L'IMPRESSION 3D EST DONC FACILE, NON ?

C'est un bon moment pour s'arrêter et vous donner un mot d'avertissement gentil et amical. L'impression 3D n'est en fait pas facile. Il y a un art et une science, et cela vous demandera un peu d'effort pour comprendre comment utiliser au mieux cette machine complexe et créer des produits finaux de haute qualité.

L'impression 3D est un excellent passe-temps pour les personnes qui aiment bricoler. Si vous aimez les gadgets et les nouvelles technologies, si vous aimez tripoter des choses pour comprendre comment les faire fonctionner, vous allez adorer ça ! Mais si vous vous lancez dans l'impression 3D uniquement pour créer des jardinières en forme de poulpe à vendre sur Etsy, un mot de prudence : vous n'allez pas acheter une imprimante 3D, l'installer et commencer immédiatement à produire des produits parfaits. Ce serait génial si cela fonctionnait ainsi, mais ce n'est tout simplement pas le cas. Si vous n'êtes pas sûr d'aimer l'idée de manipuler un nouveau gadget et de le comprendre - si vous êtes super concentré sur l'obtention d'un excellent produit final dès que possible - vous pourriez trouver les premiers moments de possession de votre imprimante très frustrants. Et peut-être, juste peut-être, ce passe-temps n'est tout simplement pas pour vous.

Mais si l'idée de bricoler et de bidouiller te plaît, tu vas adorer l'impression 3D ! Je suis enthousiaste à l'idée que tu commences ce chemin et que tu découvres à quel point il peut être amusant de posséder une imprimante 3D.

Voici quelques conseils pour débuter.

Aie des attentes réalistes

Même si tu fais des erreurs, ce n'est pas grave ! Ne te décourage pas si tes premières impressions ne fonctionnent pas. En fait, tout comme le premier pancake proverbial, tes premières impressions ne fonctionneront probablement pas. Attends-toi à gaspiller un peu de filament et à passer les premiers jours juste à bricoler. Apprécie le processus ! Apprécie les choses que tu apprends ! Et n'abandonne pas quand les choses ne vont pas bien au début.

Obtiens du soutien

Il existe une grande communauté en ligne de créateurs et de personnes très enthousiastes à propos de l'impression 3D. Tu pourrais envisager de rejoindre un groupe sur Facebook ou ailleurs en ligne. Tu recevras beaucoup d'encouragements, beaucoup de bonnes idées, et surtout, tu auras des personnes à qui te tourner lorsque tu as un problème que tu ne peux pas résoudre. Tous les membres de ces groupes ont été un jour à ta place ; ils ont eu les mêmes problèmes au début. Tu peux même trouver des groupes en ligne où les gens utilisent exactement la même imprimante que toi, ce qui les rend encore plus utiles comme système de soutien.

De plus, consultez YouTube ; vous y trouverez plus de vidéos donnant des conseils sur les imprimantes 3D que vous ne pouvez en imaginer. Il y a quelque chose dans le fait de voir quelque chose en action qui aide vraiment à comprendre, n'est-ce pas ?

Soyez enthousiaste

C'est un passe-temps pour les passionnés ; par conséquent, vous devez être passionné pour vraiment tirer beaucoup de ce passe-temps. Cela prendra du temps, et cela demandera des efforts, de la résolution de problèmes et du dépannage, et parfois vous aurez envie de vous arracher les cheveux lorsqu'une impression échoue après trois heures, et que vous n'avez aucune idée de la raison.

Mais ça en vaut la peine ! Ça en vaut tellement la peine, comme moyen de s'amuser, d'exercer votre créativité, d'augmenter votre savoir-faire technologique et de créer des choses amusantes, belles, folles ou utiles. Vous allez adorer ce passe-temps lorsque vous vous y mettrez. Et bien que cela puisse sembler un peu déroutant au début, vous y arriverez ! Lisez ce livre, faites vos recherches, regardez des vidéos, nivelez votre plateau d'impression, et tout ira bien.

RÉUSSIR EN 3 ÉTAPES.

Vous voulez vous assurer de bien démarrer votre aventure en impression 3D ? J'ai trois étapes que j'aime recommander aux débutants pour augmenter leurs chances de succès.

- Choisissez la bonne imprimante
- Choisissez les bons matériaux
- Choisissez les bons accessoires

C'est ce dont nous allons parler dans les chapitres suivants. Ensuite, nous passerons à votre premier travail d'impression. Enfin, je vous donnerai quelques erreurs courantes et comment les éviter.

Alors, vous vous sentez prêt et excité ? Alors commençons.

IMPRESSION 3D : CE QUE VOUS DEVEZ SAVOIR

2

MODÈLES D'IMPRIMANTE 3D À CONSIDÉRER

Évidemment, la première chose à faire avant de pouvoir imprimer quoi que ce soit en 3D est de choisir une imprimante 3D. Peut-être avez-vous déjà regardé et été déconcerté par la grande variété d'imprimantes disponibles - et la large gamme de prix que vous pourriez payer pour elles. Heureusement, vous avez quelqu'un pour vous guider dans le choix d'une imprimante (indice : c'est moi).

Mais avant de pouvoir prendre cette décision, vous devez réfléchir à votre objectif en matière d'impression 3D. Parce qu'il y a beaucoup de variations dans les imprimantes 3D grand public, non ? Elles vont varier en prix, en facilité d'utilisation, en personnalisabilité, en qualité et en une multitude d'autres facteurs, et comme pour beaucoup de choses, il y aura des compromis. Si vous voulez l'imprimante la moins chère possible, les objets qu'elle produit ne seront probablement pas de la même qualité que ceux que vous obtiendriez avec une imprimante beaucoup plus sophistiquée.

Donc, vous devez décider de ce que vous voulez vraiment faire avec cette imprimante, afin de savoir quelles qualités privilégier : si c'est quelque chose que vous voulez juste faire pour le plaisir ou pour amuser et éduquer vos enfants ou vos élèves, vous pouvez probablement choisir une imprimante moins chère mais de qualité inférieure et cela ira bien. En revanche, si vous envisagez de créer des modèles réduits de l'Arc de Triomphe à vendre sur Etsy, vous allez probablement vouloir une imprimante qui produira de meilleurs résultats pour satisfaire vos clients.

Prenez donc un moment pour être sérieux avec vous-même en décidant de ce que vous voulez faire avec votre imprimante, et ensuite soyez encore plus sérieux avec vous-même en regardant votre budget.

Et enfin, gardez à l'esprit que le choix que vous faites maintenant ne doit pas nécessairement être le choix que vous faites pour toujours. Comme c'est souvent le cas, lorsque vous achetez quelque chose que vous utilisez beaucoup, vous pouvez l'utiliser pendant un certain temps et vous rendre compte que vous valorisez certaines fonctionnalités ou capacités plus que vous ne le pensiez. Lorsque cela se produit, vous pouvez être en mesure de mettre à jour ou d'améliorer l'imprimante que vous avez (trouver des moyens d'améliorer une imprimante est un avantage des conceptions open-source constamment modifiées par une communauté de fabricants), mais vous pouvez également en acheter une nouvelle à ce moment-là. Vous ne saurez généralement pas ce qui est le plus important pour vous au début, c'est pourquoi il est généralement préférable de commencer avec une imprimante fiable et abordable soutenue par une grande communauté. Vous pouvez commencer là, vous familiariser, puis essayer quelque chose de nouveau à l'avenir si vous le souhaitez.

Vous avez compris tout cela ? Alors, examinons en profondeur certaines des considérations à prendre en compte lors du choix d'une imprimante 3D.

ÉLÉMENTS À RECHERCHER

Qualité de fabrication

Toutes les imprimantes ne produiront pas la même qualité de produits. Les imprimantes moins chères donneront souvent un niveau de détail inférieur dans le produit final. Elles seront également probablement moins fiables et durables à long terme. Donc, si vous voulez produire quelque chose avec des détails vraiment fins et précis et que vous voulez que l'imprimante dure des années, une imprimante moins chère pourrait vous décevoir.

Compatibilité des matériaux

Nous allons parler plus en détail des différents matériaux d'impression que vous pouvez choisir plus tard. Pour l'instant, sachez simplement que différents matériaux auront des besoins différents en termes de chauffage. En général, les imprimantes pourront travailler avec des matériaux très courants, comme le PLA ou l'ABS. Mais toutes les imprimantes ne fonctionneront pas avec des matériaux plus uniques qui pourraient nécessiter une chaleur très élevée. Et comme mentionné ci-dessus, en général, les modèles moins chers auront moins de capacités à ce niveau.

Support

Je parle ici de deux types de support : le support client et le support communautaire. Le support client est essentiel, bien sûr ; vous voulez acheter auprès d'une entreprise réputée qui vous aidera en cas de problème. Mais il est tout aussi important d'acheter une imprimante avec beaucoup de support communautaire. Plus une imprimante est populaire, plus il y aura de gens qui en parleront en ligne, et plus il sera probable que vous puissiez trouver une communauté en ligne de personnes prêtes à vous aider lorsque vous avez des questions. Donc, si vous envisagez un modèle obscur ou peu commun, gardez à l'esprit que vous sacrifierez une partie de ce soutien communautaire. Du moins au début, lorsque vous commencez à vous initier à l'impression 3D, il pourrait être préférable d'opter pour une imprimante populaire avec beaucoup de gens en ligne qui en parlent.

TYPES D'IMPRIMANTES FDM

Pour rendre cela aussi confus que possible, il existe plusieurs types d'imprimantes FDM. Les différences entre elles tendent à tourner autour de la façon dont la tête d'impression se déplace pour créer le produit final ; comme je l'ai mentionné plus haut, parfois le lit d'impression se déplace également pour faciliter le processus.

Plusieurs de ces types d'imprimantes entrent dans la catégorie des imprimantes cartésiennes. Maintenant, si vous êtes bon en maths, ou si vous vous souvenez simplement de vos cours de maths au lycée, vos oreilles ont peut-être tiqué à l'évocation du terme « cartésien ». Oui, ce nom est une référence aux coordonnées cartésiennes, un système dans lequel la position d'un point peut être décrite par des coordonnées numériques indiquant sa distance par rapport à des lignes de référence : les axes x, y et z.

Il y a de fortes chances que si vous pouvez imaginer une imprimante 3D dans votre tête, vous imaginez une imprimante cartésienne. Celles-ci tendent à avoir cette forme familière en boîte, avec des cadres avec beaucoup d'angles droits pour que la tête d'impression puisse facilement se déplacer le long des axes x, y et z.

Définition. Imprimante cartésienne : un type d'imprimante 3D où la tête d'impression est dirigée à l'aide de coordonnées cartésiennes.

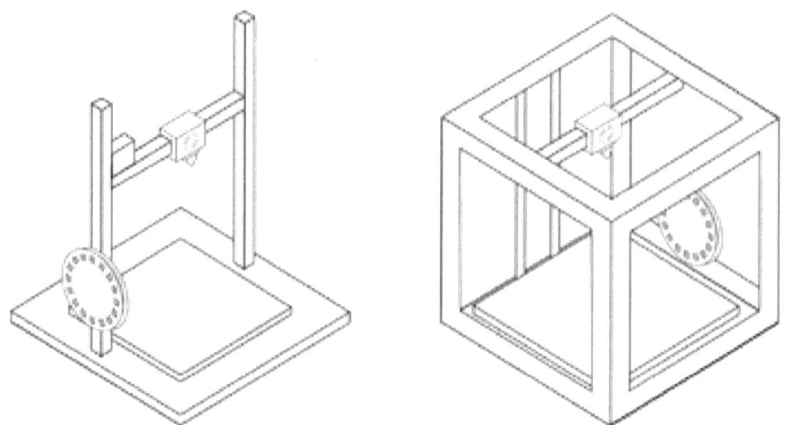

Styles d'imprimantes cartésiennes courants : ouverte (à gauche) et fermée (à droite)

Différentes configurations

Ces imprimantes existent en plusieurs configurations différentes. En général, la tête d'impression est sur un portique et peut se déplacer le long de deux axes, tandis que le troisième axe de mouvement provient du déplacement du lit d'impression. L'imprimante peut être ouverte, comme sur l'image de gauche, ou entièrement ou partiellement fermée, comme montré à droite.

Les imprimantes cartésiennes sont le type d'imprimante 3D le plus populaire, ce qui en fait un excellent choix pour les débutants, car avec autant de gens qui les possèdent, vous trouverez une multitude de supports et d'informations en ligne. Elles sont également souvent assez abordables et faciles à utiliser, donc les imprimantes que je recommande dans ce chapitre seront toutes cartésiennes.

Certains types de ces imprimantes cartésiennes, comme les imprimantes H-bot et CoreXY, utilisent des courroies pour déplacer la tête d'impression ; avec ces imprimantes, souvent le lit d'impression lui-même se déplace également de haut en bas pour inclure les trois axes de mouvement. CoreXY, en particulier, fait sensation dans la communauté de l'impression 3D, car elles tendent à être assez précises et stables ; le système de courroies unique conduit à moins de vibrations.

Il existe un certain nombre d'autres types d'imprimantes uniques mais moins courantes, comme SCARA, qui utilise une tête d'impression sur un bras robotisé, ou delta, un appareil au look de science-fiction où la tête d'impression est suspendue à trois bras qui peuvent être déplacés de haut en bas dans différentes configurations pour déplacer la tête d'impression où elle doit aller. Un spécimen particulièrement unique est les imprimantes à bande, où le lit d'impression est un tapis roulant. Cela signifie que si vous gardiez le tapis roulant en mouvement et que vous ne manquiez pas de filament, vous pourriez théoriquement imprimer en 3D quelque chose de plusieurs kilomètres de long.

Il y a un dernier type d'imprimante qui est complètement différent de ce dont nous venons de parler ; ce sont les imprimantes polaires, et au lieu des coordonnées cartésiennes, elles utilisent des coordonnées polaires. Elles ont également la tête d'impression sur un seul bras et utilisent un lit d'impression rotatif. Elles ne sont pas très courantes, mais elles sont certainement intéressantes à voir en action !

Un peu d'assemblage requis

Il y a une dernière chose dont nous devons parler avant de pouvoir passer aux imprimantes individuelles : combien d'assemblage souhaitez-vous faire ?

Comme je l'ai mentionné auparavant, le monde de l'impression 3D tourne autour de cette attitude DIY, prêt à se salir les mains. Donc, certaines personnes veulent vraiment bricoler l'imprimante ; elles veulent être jusqu'aux coudes dans les engrenages métaphoriques ou littéraux de leurs machines. Si cela vous plaît, vous pouvez trouver des imprimantes qui sont entièrement open source, open hardware et personnalisables ; ces imprimantes sont conçues pour que vous les bidouilliez ! Elles tendent également à utiliser des logiciels open source.

(Beaucoup de ces imprimantes sont les descendantes de ce projet RepRap original que j'ai mentionné précédemment. Fait amusant : « RepRap » signifie « replicating rapid prototyper » (prototypeur rapide répliquant), car l'idée originale, initiée par le Dr. Adrian Bowyer à l'Université de Bath, était de créer une imprimante 3D à faible coût qui pourrait produire certaines de ses propres pièces, se répliquant ainsi. Vous pouvez utiliser une imprimante 3D pour imprimer en 3D une imprimante 3D. Réfléchissez à cela et émerveillez-vous... ou paniquez à propos de la montée inévitable des machines. Ou les deux !)

Ce genre de choses n'est pas pour tout le monde, cependant, donc vous serez peut-être heureux de savoir qu'il existe également des imprimantes prêtes à l'emploi, nécessitant peu ou pas d'assemblage. Elles sont un peu moins ouvertes, un peu moins personnalisables, mais elles sont souvent un peu plus conviviales.

Alors, faites le point sur ce que vous voulez ici : voulez-vous pouvoir personnaliser votre imprimante ? Aimez-vous pouvoir ouvrir les choses et voir comment elles fonctionnent ? Ou préférez-vous que les choses fonctionnent tout de suite dès la sortie de la boîte ? Gardez la réponse à cette question à l'esprit pendant que nous parcourons le reste de ce chapitre.

Maintenant que vous avez une bonne base sur la technologie d'impression FDM et les différents facteurs qui pourraient influencer votre décision d'achat, commençons à parler des imprimantes que vous pourriez envisager pour votre usage personnel.

QUELQUES IMPRIMANTES À CONSIDÉRER

Nous allons parler de plusieurs catégories différentes d'imprimantes ici, en terminant par mes préférées personnelles.

Les plus abordables

Tout d'abord : soyez toujours conscient de ce dans quoi vous vous engagez lorsque vous faites des prix bas votre critère numéro un pour un achat. Dans de nombreux cas et de nombreux domaines, acheter un équipement bon marché devient une prophétie auto-réalisatrice : vous pensez, "Je ne sais pas à quel point je vais prendre l'impression 3D (ou la photographie, ou l'apprentissage du violon) au sérieux," donc vous achetez l'imprimante 3D la moins chère possible (ou la caméra, ou le violon). Parce que vous avez un équipement bon marché, vous trouvez le processus d'utilisation moins agréable, et il produit des résultats médiocres. Vous vous découragez parce que vos impressions 3D (ou vos photographies, ou vos sonates) ne sont pas très bonnes, et vous perdez de l'intérêt pour votre nouveau passe-temps et y renoncez. Et puis vous vous dites, "C'est une bonne chose que je n'aie pas gaspillé de l'argent en achetant un bon équipement."

Évidemment, parfois aller au moins cher est la seule option viable. Mais je voudrais recommander que, là où c'est possible, vous déboursiez un peu plus d'argent pour obtenir la meilleure imprimante 3D possible. Pensez-y comme un investissement dans votre futur plaisir. Et ne préféreriez-vous pas payer un peu plus d'avance que d'acheter une imprimante bon marché et puis trois mois plus tard devoir en acheter une autre lorsque vous réalisez que la bon marché ne peut pas faire ce que vous voulez ? Surtout lorsque la différence entre une bonne imprimante et une mauvaise imprimante peut être aussi faible que 100 $ ou moins.

Cela dit, parfois, pour diverses raisons, les imprimantes bon marché sont la meilleure option. Et heureusement, vous avez des options abordables ! L'un des grands avantages de la popularité croissante des imprimantes 3D est qu'il y a maintenant pas mal de fabricants d'imprimantes 3D, ce qui signifie qu'il y a plus de concurrence entre les fabricants, faisant baisser les prix.

Maintenant, c'est plus qu'assez de préface : parlons des imprimantes abordables. Une entreprise que vous devriez considérer est Anet, une entreprise chinoise vendant des kits d'imprimantes abordables. Anet propose deux gammes de produits, la ligne A et la ligne ET. Bien qu'elle coûte un peu plus que la ligne ET, je vais recommander l'A8 Plus, que beaucoup de gens considèrent comme l'une des meilleures imprimantes que vous pouvez obtenir à ce prix (au moment de la rédaction, cette imprimante coûte un peu plus de 200 $ sur leur site web, bien que vous puissiez trouver des offres assez bon marché si vous fouillez un peu en ligne).

Cette imprimante a la disposition ouverte courante que j'ai mentionnée plus tôt, où la tête d'impression est logée sur une arche ou un cadre au-dessus du lit d'impression, et tous les côtés du lit d'impression sont ouverts. Cela signifie que vous avez un volume de construction assez grand (220 x 220 x 240 mm) par rapport à d'autres modèles bon marché (en particulier, de nombreuses imprimantes dans cette gamme de prix sont des imprimantes "mini", donc comme vous pouvez le deviner d'après le nom, elles sont assez petites). Elle dispose également d'un lit d'impression chauffant, ce qui est courant à des prix plus élevés mais pas garanti dans une imprimante aussi peu coûteuse, donc c'est plutôt bien. (Nous parlerons plus de l'adhésion au lit plus tard, mais sachez simplement qu'un lit d'impression chauffant est une chose formidable à avoir, surtout si votre matériau d'impression est l'ABS.)

En termes de qualité d'impression, la plupart des gens conviennent que cette imprimante fait bien dès la sortie de la boîte, mais vous pouvez obtenir des résultats assez décents une fois que vous avez commencé à bricoler les réglages. Et un grand plus pour cette A8 Plus est que les modèles Anet sont raisonnablement populaires, donc vous allez trouver du support en ligne et des vidéos et des groupes Facebook.

D'accord, voici ce qui est bon. Avant de parler de ce qui est mauvais, parlons de ce qui pourrait être bon ou mauvais, selon comment vous vous sentez : l'A8 Plus est un kit, et vous devrez l'assembler vous-même complètement. Les utilisateurs signalent que cela prend entre 6 heures et plusieurs jours, selon leur niveau de compétences techniques. Maintenant, vous pourriez bien aimer cela si vous êtes un type de personne technique ; c'est une excellente façon de comprendre comment fonctionnent les imprimantes 3D afin que dans le futur, vous puissiez facilement les mettre à niveau et les dépanner. D'un autre côté, cela pourrait être un peu accablant pour un débutant.

Enfin, ce qui est mauvais : eh bien, c'est une imprimante bon marché. Le cadre est en acrylique, pas en métal, ce qui signifie que ce ne sera pas l'imprimante la plus stable et la plus robuste, ce qui peut entraîner de mauvaises impressions en raison d'une moindre stabilité (la plupart des imprimantes au-dessus de ce point de prix ont des cadres métalliques). Certains utilisateurs impriment des supports et des pièces supplémentaires pour stabiliser leurs imprimantes A8 Plus.

Le design présente quelques défauts, y compris des composants électroniques exposés, et peut avoir des problèmes de surchauffe, parfois sérieux. De nombreux utilisateurs corrigent ces problèmes en mettant à jour le firmware et le matériel. Il n'y a pas non plus de nivellement automatique du lit, dont nous parlerons plus tard. Enfin, et ce n'est pas un reproche particulier à l'A8 Plus, car de nombreuses imprimantes ont ce problème, la disposition ouverte plus le lit d'impression chauffant pourrait être un problème si vous avez des petits à la maison qui pourraient vouloir saisir des choses qui pourraient les brûler.

Donc, si vous avez cet esprit de bricolage et cette attitude de fonceur, et que vous êtes prêt à faire l'assemblage et les mises à niveau nécessaires, cela peut être une excellente petite imprimante économique pour vous. Si vous ne voulez pas faire autant d'assemblage et de mise à niveau, vous pourriez vouloir continuer à chercher.

La plus facile à utiliser

Peut-être avez-vous lu cette dernière section et pensé : "Je ne veux pas faire autant d'assemblage et de mise à niveau ; je veux ouvrir la boîte et commencer." Eh bien, dans ce cas, tout d'abord, je vous dirais qu'être prêt à faire des mises à niveau et des assemblages, être prêt à mettre les mains dans le cambouis, sera un excellent choix à long terme. Vous allez apprendre comment fonctionnent les imprimantes 3D, et vous serez prêt à faire les mises à niveau nécessaires pour améliorer votre imprimante 3D.

Mais je comprends : c'est votre première imprimante 3D, et vous voulez apprendre à imprimer en 3D avant de vous plonger dans les détails ésotériques. Totalement compréhensible ! Dans ce cas, pour une expérience vraiment conviviale, vous devriez envisager la Flashforge Adventurer 3. Avec cette imprimante, la tête d'impression et le lit d'impression sont enfermés (le fait qu'elle soit fermée est un avantage si vous craignez que des enfants se brûlent sur un lit d'impression chaud).

La Flashforge Adventurer 3 est essentiellement le contraire de l'A8 Plus. Elle est conçue pour être aussi facile à utiliser que possible : elle arrive entièrement assemblée et prête à l'emploi, donc vous imprimerez peu de temps après avoir ouvert la boîte. Elle est soignée et entièrement fermée, et elle est équipée d'une caméra pour que vous puissiez regarder le processus depuis votre ordinateur.

La tête d'impression est détachable, et le lit d'impression chauffant est flexible, ce qui signifie qu'il est facile de retirer votre produit final : il suffit de fléchir légèrement la plate-forme, et il se détachera ! Cette imprimante fonctionne également assez silencieusement, et la qualité d'impression est assez bonne.

Tout cela semble plutôt génial, n'est-ce pas ? Alors, quel est le piège ? Eh bien, il y en a quelques-uns. Le volume de construction est petit, pour commencer : 150 x 150 x 150 mm, tandis que l'A8 Plus est de 220 x

220 x 240 mm, et la Creality 10s, dont nous parlerons plus tard, affiche un impressionnant 300 x 300 x 400 mm. Le prix peut aussi vous faire hésiter ; elle vous coûtera entre 400 et 500 $.

Et enfin, le fait même que cette imprimante soit un petit package autonome peut être considéré comme un inconvénient ; c'est en grande partie un système fermé, et vous ne pouvez pas vraiment la modifier ou la mettre à niveau comme beaucoup d'autres imprimantes.

Donc : idéal si vous voulez quelque chose de facile à utiliser et fiable ; moins idéal si vous espériez pouvoir bricoler avec. Donc, si vous appartenez à la première catégorie, cela pourrait être une excellente option pour vous.

La meilleure imprimante professionnelle

Et maintenant, quelque chose de complètement différent : peut-être que vous voulez tout. Peut-être que vous voulez le volume de construction, la qualité, la fiabilité. Peut-être que vous voulez quelque chose de qualité professionnelle, et que vous êtes prêt à payer le gros prix pour l'obtenir.

Dans ce cas, puis-je vous recommander la Raise 3D Pro2 ? C'est une bête de machine avec pas mal de fonctionnalités haut de gamme ; comme le nom le suggère, elle serait appropriée pour des applications professionnelles. Elle présente un design en boîte fermé, mais contrairement à la Flashforge Adventurer 3, cela ne signifie pas un volume de construction plus petit : elle affiche une capacité impressionnante de 305 x 305 x 300 mm.

Comme pour toute imprimante à ce prix, le lit d'impression est chauffant, et l'imprimante peut gérer une grande variété de matériaux d'impression. Si la puissance s'éteint en cours de construction, tout n'est pas perdu ; elle reprendra le travail d'impression lorsque la puissance reviendra ! (Et quand des travaux d'impression complexes peuvent durer des jours, c'est une caractéristique vitale.) Elle est facile à utiliser, et elle est rapide.

Une caractéristique vraiment intéressante de cette imprimante, que nous n'avons pas encore vue dans notre tour des imprimantes, est la double extrusion : la tête d'impression a deux buses. "Pourquoi", pouvez-vous vous demander, "voudrais-je deux buses ?" Il y a deux raisons principales : premièrement, vous pouvez l'utiliser pour créer des designs bicolores.

Deuxièmement, vous pouvez l'utiliser pour créer des designs à partir de deux matériaux différents. Cela est très pratique si vous avez besoin d'imprimer des structures de support : parfois, vos impressions auront des porte-à-faux et des ponts, et pour empêcher la partie en porte-à-faux de s'affaisser, vous devrez inclure des structures de support qui soutiennent la partie par en dessous ; vous pouvez ensuite retirer les structures de support une fois l'impression terminée. Mais les retirer peut être pénible, surtout si vous essayez de faire en sorte qu'on ne puisse pas dire qu'il y a jamais eu de structures de support attachées. Une solution : utiliser une des buses doubles pour imprimer des structures de support avec un matériau comme le HIPS, qui peut ensuite être facilement dissous dans une substance appelée limonène. Plutôt pratique, non ?

Alors, quel est l'inconvénient de la Pro2 ? Cela devrait être évident : le prix. Vous n'êtes peut-être pas prêt à dépenser quelques milliers de dollars pour une imprimante 3D, et je ne vous en blâme pas si ce n'est pas le cas. Mais si vous êtes prêt à dépenser de l'argent, et surtout si vous voulez utiliser votre imprimante dans une application industrielle professionnelle, c'est un excellent choix.

MES FAVORITES

J'ai possédé cinq imprimantes 3D au fil du temps. Je pense que chacune d'elles a de grandes caractéristiques, et chacune pourrait être le bon choix pour certaines personnes.

Artillery X1

Artillery est une entreprise relativement nouvelle, mais elle a mis sur le marché une imprimante respectable à moins de 500 $ avec l'Artillery X1. Elle est préassemblée et fait un travail décent d'impression. Elle est fiable avec un lit de bonne taille (300 x 300 x 400 mm), et elle fonctionne très silencieusement. Cependant, le lit d'impression chauffe de manière inégale, et certains utilisateurs ont signalé des préoccupations concernant la fiabilité à long terme de l'électronique et du câblage. Néanmoins, jusqu'à présent, je suis fan de cette imprimante.

Anycubic Mega Pro

Une autre imprimante que je possède est l'Anycubic Mega Pro. L'une des imprimantes les moins chères dont nous avons parlé sur cette page - au moment de la rédaction, moins de 400 $ - a une forme très similaire à celle de l'A8 Plus dont nous avons parlé plus tôt ; elle a même un volume de construction similaire, à 210 x 210 x 205 mm. Elle a de nombreuses fonctionnalités utiles, comme un capteur qui détecte quand vous êtes sur le point de manquer de filament, ce qui est assez génial à ce prix. C'est une excellente petite machine telle qu'elle est, et la communauté croissante de fans en ligne peut vous offrir des idées pour des mises à niveau afin d'améliorer encore l'expérience.

Ce qui rend ces imprimantes si remarquables, cependant, c'est le fait qu'elles font également office de graveurs laser. Il suffit de remplacer la tête d'impression par l'attachement de gravure, de placer l'objet que vous voulez graver sur le lit d'impression, et c'est parti.

Le gros inconvénient, si vous n'avez pas envie de mettre les mains dans le cambouis, c'est que cette imprimante nécessite un assemblage.

Néanmoins, si vous pouvez vous voir vouloir graver des choses au laser, c'est un excellent outil 2 en 1.

Prusa i3

L'une des meilleures imprimantes que je possède est la Prusa i3, et je ne suis pas seul à chanter les louanges de Prusa. Cette entreprise a eu une influence énorme au cours de la dernière décennie ; ses designs open-source Mendel, en particulier la version i3, sont les ancêtres de nombreuses imprimantes 3D grand public que nous voyons aujourd'hui. (Regardez une photo de l'i3 originale, puis de presque toutes les imprimantes dont nous avons parlé jusqu'à présent, et vous verrez la ressemblance familiale.) L'entreprise a sorti la première imprimante i3 en 2012, peu après sa fondation, et a absolument changé la donne.

Ce design original de l'i3 a été perfectionné depuis cette première sortie, et il a les récompenses et les distinctions pour le prouver. La dernière version est la i3 MK3S+ (un nom assez compliqué, je sais), et elle a une foule de fonctionnalités utiles, comme un lit d'impression chauffant, un capteur de bas niveau de filament, la capacité de reprendre là où elle s'était arrêtée si la puissance s'éteint pendant une impression, et une fonctionnalité qu'ils appellent le nivellement du lit en maillage, où l'imprimante essaiera de compenser les imperfections du lit d'impression. Elle est également livrée avec des feuilles d'impression amovibles dans une variété de textures, ce qui facilite le retrait du produit final.

Elle est cohérente, elle est fiable, les produits finis sont superbes, et c'est un bourreau de travail : elle continue encore et encore.

Alors, quels sont les inconvénients ? Eh bien, ce n'est pas la moins chère, avec des imprimantes préassemblées à environ 1000 $. Vous pouvez réduire ce prix à 750 $ si vous êtes prêt à l'assembler vous-même. Vous constaterez également que le volume de construction est seulement moyen, à 250 x 210 x 210 mm.

Cependant, la Prusa i3 est un classique, et ce n'est pas sans raison. Si vous êtes prêt à dépenser un peu plus d'argent, c'est une imprimante fantastique.

Creality 10s Pro V2

Plus chère que les modèles économiques dont nous avons parlé, mais moins chère que la Prusa i3, la Creality 10s Pro V2 est une imprimante robuste et fiable. J'ai déjà mentionné son grand volume de construction - 300 x 300 x 400 mm - grâce à son design ouvert. Elle possède les caractéristiques que vous attendez à ce prix : lit d'impression chauffant, construction métallique robuste, capacité à utiliser une variété de matériaux, capteur de bas niveau de filament, capacité à reprendre un travail d'impression après une coupure de courant, et quelques nouvelles fonctionnalités amusantes, comme une fonction d'auto-nivellement 3D (et si vous avez déjà dû niveler manuellement un lit d'impression, vous savez que ce n'est pas rien). Elle fonctionne silencieusement, et les produits finis sont de grande qualité.

La Creality 10s Pro V2 arrive également en grande partie assemblée ; il vous suffit d'attacher la ganterie, de brancher quelques fils, et vous êtes prêt à partir !

Alors, quels sont les inconvénients ? Eh bien, ce n'est pas la moins chère, et d'autres utilisateurs se sont plaints du manque de bonne documentation, bien que leur support client soit excellent. J'ai également vu des utilisateurs se plaindre qu'il peut être un peu difficile de retirer le produit fini du lit d'impression.

Mais vraiment, cela vaut la peine de supporter ces petits inconvénients pour une imprimante de cette qualité. Elle fonctionne tout simplement.

Ender 3 Pro

Ma dernière imprimante 3D est également fabriquée par Creality ; c'est l'Ender 3 Pro, et elle est définitivement en haut de ma liste. Et je ne suis pas seul ; cette imprimante est populaire et est largement recommandée par les gens comme l'une des meilleures imprimantes pour les débutants. C'est un équilibre parfait entre le prix et la performance, à environ 300 $; si vous n'avez pas beaucoup d'argent à dépenser, cette imprimante vous en donnera beaucoup pour votre argent.

Elle a la liste habituelle de caractéristiques à ce prix : construction robuste, lit d'impression chauffant, et un volume de construction décent de 220 x 220 x 500 mm, grâce à cette disposition familière de la Prusa i3. Le lit d'impression a une couche magnétique sur le dessus qui peut être retirée ; elle est flexible, ce qui facilite le retrait des produits finis. Elle peut utiliser une sélection respectable de matériaux, et les produits finis sont de haute qualité ! Et elle est personnalisable, ce qui la rend très populaire dans la communauté des makers.

Bien sûr, à ce prix, vous sacrifiez certaines fonctionnalités supplémentaires chics, comme la reprise de l'impression après une coupure de courant et l'auto-nivellement. Et, comme beaucoup d'imprimantes Creality, elle n'est que partiellement assemblée ; vous devrez connecter quelques pièces et brancher quelques câbles.

Mais, pour ce prix, vous ne pourriez pas faire mieux pour vous que l'Ender 3 Pro.

Alors, que recommanderais-je ?

Je recommande fortement soit l'Ender 3 Pro, soit la Creality 10 S Pro V2. Je pense que l'Ender 3 Pro produit de meilleurs produits finis, mais en réalité, tout dépend de vos besoins : avez-vous besoin d'un volume de construction plus élevé ? Optez pour la Creality 10. Avez-vous un budget serré ? Optez pour l'Ender 3 Pro.

En réalité, je ne pourrais pas vous dire laquelle je préfère. Si je ne pouvais en garder qu'une seule... je serais ravi avec l'une ou l'autre. Ce sont toutes les deux d'excellents choix.

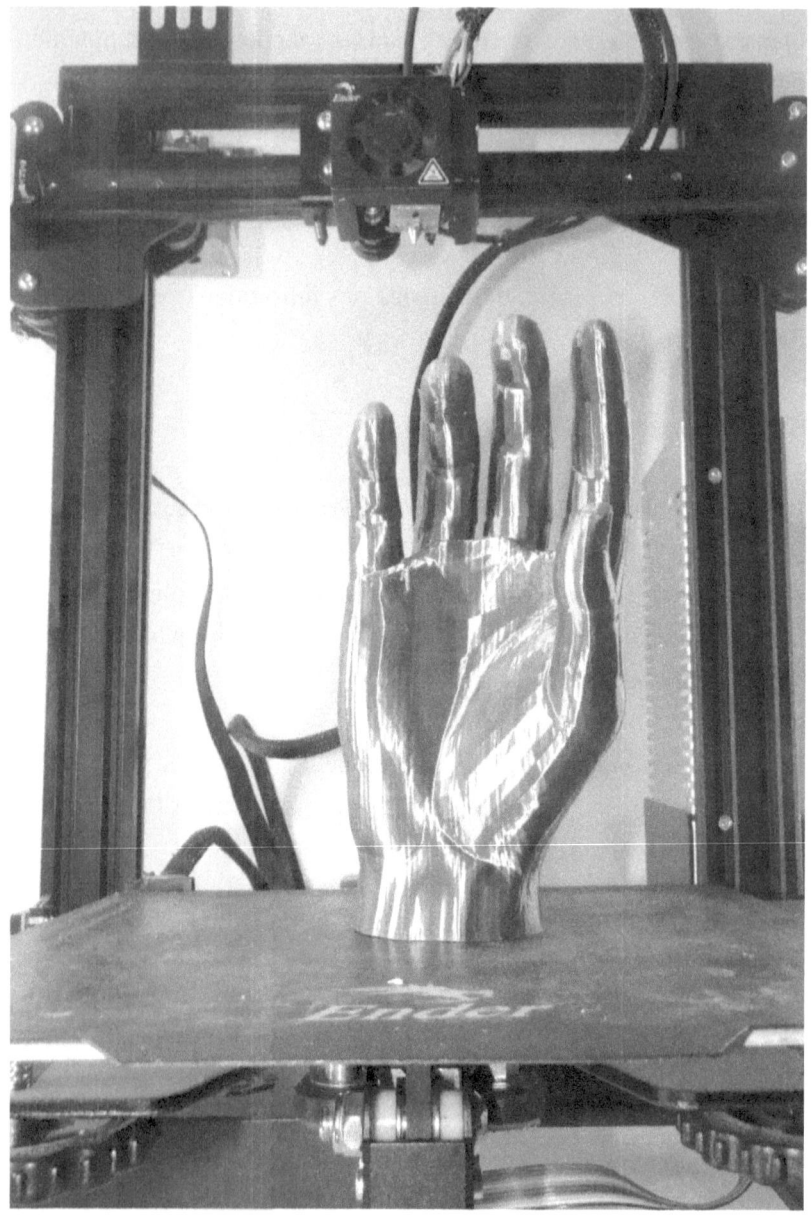

3

ACCESSOIRES INDISPENSABLES POUR IMPRIMANTE 3D

Vous aurez remarqué que dans le dernier chapitre, j'ai beaucoup parlé de la mise à niveau de votre imprimante. Qu'est-ce que cela signifie, vous demandez-vous peut-être ? Et pourquoi devriez-vous améliorer votre imprimante ?

Si vous avez bien choisi, votre imprimante devrait fonctionner assez bien telle quelle. Mais, comme il s'agit d'une imprimante de loisir – surtout si vous avez choisi une imprimante de loisir économique – eh bien, elle ne sera tout simplement pas aussi sophistiquée qu'une imprimante professionnelle.

Mais vous n'êtes pas obligé de vous contenter de cela ! C'est l'impression 3D, où le bricolage n'est pas seulement autorisé ; il est encouragé. Si vous êtes prêt à dépenser un peu d'argent, à vous salir un peu les mains, ou les deux, vous pouvez améliorer votre imprimante pour obtenir de meilleurs résultats et une expérience d'impression plus agréable.

(Tenez compte du fait que différentes imprimantes permettront des degrés de personnalisation différents. Si vous obtenez un des kits opensource à monter soi-même, vous pouvez accéder à chaque pièce de l'imprimante et faire ce que vous voulez avec. Avec une imprimante plus conviviale, entièrement assemblée, comme la Flashforge Adventurer 3, c'est déjà un genre d'unité autonome, et la mettre à niveau n'est pas si facile. C'est d'ailleurs le but de cette imprimante : ils ont fait tout le travail et la réflexion pour vous. Ainsi, le niveau de mise à niveau que vous pouvez effectuer variera en fonction de ce que vous achetez.)

Les mises à niveau que vous pouvez effectuer se divisent essentiellement en deux catégories : les éléments que vous imprimez vous-même et ceux que vous achetez à quelqu'un d'autre.

VOUS VOULEZ DIRE QUE JE PEUX IMPRIMER MES PROPRES AMÉLIORATIONS ?

C'est l'une des choses les plus cool de l'impression 3D. Dans l'esprit des imprimantes RepRap auto-répliquantes, vous pouvez réellement imprimer des pièces que vous pouvez fixer sur votre propre imprimante ! Vous vous souvenez peut-être que j'ai mentionné cette possibilité lorsque nous parlions de l'imprimante Anet A8 ; avec certaines des imprimantes moins chères avec des cadres en acrylique ou d'autres matériaux moins robustes, le cadre peut trembler pendant une impression et affecter négativement votre produit final. Heureusement, la solution est juste là devant vous : vous pouvez imprimer une entretoise, un cadre de support, ou d'autres éléments de stabilisation pour votre imprimante. Et vous n'avez pas à les acheter ! Vous pouvez utiliser votre imprimante 3D pour imprimer en 3D des pièces afin d'améliorer votre imprimante 3D !

Ce n'est pas tout ; vous pouvez imprimer toutes sortes de choses qui seraient utiles pour votre imprimante ! Vous pouvez imprimer des pièces qui facilitent le changement de vos bobines de filament, ou qui guident le filament correctement dans l'extrudeuse, ou à travers lesquelles vous pouvez faire passer le filament pour nettoyer toute poussière. Vous pouvez imprimer de nouveaux supports pour votre tête d'impression qui peuvent offrir une précision ou une vitesse plus élevée dans vos impressions. Vous pouvez imprimer des pièces qui maintiennent les courroies en place ou conservent la tension désirée sur celles-ci. Vous pouvez imprimer des éléments pour vous aider à organiser les câbles et les fils ou couvrir les composants électroniques exposés (très utile sur certaines de ces imprimantes moins chères). Vous pouvez imprimer des couvertures de ventilation pour empêcher la poussière de tomber dans vos évents. Vous pouvez imprimer des gadgets pour aider votre imprimante à fonctionner plus silencieusement. En réalité, les possibilités sont presque infinies.

J'aimerais vous dire quelles améliorations vous devriez envisager pour votre imprimante, mais je ne peux pas. Chaque imprimante 3D est différente ; chacune aura des forces et des faiblesses différentes et, par conséquent, des besoins différents. Et vos besoins d'impression peuvent être différents de ceux de quelqu'un d'autre ! Peut-être imprimez-vous des objets qui nécessitent des coins vraiment précis et nets, et le support de la tête d'impression fourni avec l'imprimante ne conviendra tout simplement pas, mais quelqu'un d'autre qui imprime uniquement des pots de fleurs avec la même imprimante n'aura aucun problème.

Donc, au lieu de te dire exactement ce dont tu as besoin, je vais te donner un conseil : trouve une communauté en ligne de personnes qui utilisent le même modèle d'imprimante 3D que toi. Trouve des vidéos ou des forums. Cherche sur Thingiverse les « améliorations pour [ton modèle d'imprimante 3D] » et regarde les modèles qui ont beaucoup de réalisations et de retours, et détermine si cela résout un problème que tu rencontres. Ou attends simplement d'avoir imprimé pendant un certain temps ; tu te rendras vite compte des points faibles de ton imprimante, puis tu pourras chercher une solution.

Et ensuite, tu pourras imprimer cette solution et t'émerveiller de la facilité avec laquelle tu peux améliorer ton imprimante 3D pour le prix du filament.

(Rappelle-toi ce que j'ai dit plus tôt à propos de certaines imprimantes qui n'ont pas vraiment autant d'options d'améliorations. Tu peux chercher et découvrir qu'il n'y a pas grand-chose que tu puisses faire pour changer ton imprimante. Dans ce cas, j'espère que ton imprimante fonctionne bien telle quelle.)

QUE DIRE DES ACCESSOIRES QUI NE PEUVENT PAS ÊTRE IMPRIMÉS ?

Tous les problèmes ne peuvent pas être résolus avec des pièces imprimées en 3D. Cependant, aussi incroyables que soient ces machines, tu pourrais avoir besoin d'une solution qu'elles ne peuvent tout simplement pas produire. Dans ce cas, il existe une grande variété d'accessoires que tu peux acheter en ligne et utiliser avec ton imprimante.

Lorsque tu regardes ces pièces, garde à l'esprit que pour beaucoup d'entre elles, elles seront différentes pour chaque imprimante. Chaque imprimante a des dimensions et une configuration différentes, donc elle nécessitera un accessoire différent ; ces pièces ne sont pas universelles. Donc, au lieu de te donner des noms de produits et des numéros de pièces exacts, je vais te parler de certains des accessoires populaires et pourquoi tu pourrais les vouloir. Si tu penses qu'un accessoire te convient, tu pourras trouver quelle version de ce produit fonctionnera le mieux avec ton imprimante.

Note qu'il y a bien plus d'accessoires et d'améliorations disponibles que ce dont je vais parler. Tu peux vraiment aller à fond avec ces choses, avec des gens qui améliorent les cartes mères, les moteurs, et plus encore. C'est hors de la portée de ce livre, car il est destiné aux débutants ; mon plan est de me concentrer sur les choses faciles à intégrer et qui donneront de grands résultats. Donc, garde à l'esprit qu'il y a plus de choses disponibles que ce que nous allons discuter ici.

C'est clair ? Alors parlons de quelques accessoires utiles pour les imprimantes.

Plateau d'impression

Tu verras beaucoup d'accessoires destinés au plateau d'impression, et il y a une raison à cela : ton plateau d'impression peut avoir un impact énorme sur ton produit final. Une grande raison est l'adhésion au plateau.

Définition : L'adhésion au plateau fait référence au degré auquel le matériau imprimé adhère au plateau d'impression. Trop peu d'adhésion peut perturber les couches inférieures, car les bords extérieurs peuvent refroidir plus vite que les couches intérieures et commencer à se décoller du plateau, déformant la couche. Trop d'adhésion, en revanche, peut rendre le produit final difficile à retirer.

Dans les chapitres suivants, nous parlerons de solutions DIY pour obtenir la bonne adhésion au plateau, mais tu peux également acheter quelques accessoires pour aider à résoudre ce problème.

Une option à considérer est les adhésifs. Souvent sous forme de bâtons de colle, ce sont des produits que tu peux étaler sur le plateau d'impression pour aider les premières couches à adhérer correctement mais qui se détachent facilement une fois l'impression terminée. Par exemple, des produits comme Magigoo sont collants lorsqu'ils sont appliqués sur un plateau d'impression chauffé, mais ils perdent leur adhérence une fois que la plateforme refroidit. À ce moment-là, il est facile de retirer le produit fini.

Tu peux également obtenir de nouvelles surfaces pour ton plateau d'impression. Beaucoup de gens préfèrent mettre des surfaces en verre sur leur plateau d'impression, les trouvant plus uniformément planes que beaucoup de surfaces de construction, ce qui rend souvent plus facile le retrait du produit final. Elles sont également plus faciles à nettoyer que beaucoup d'autres surfaces.

Tu peux aussi acheter des surfaces de construction en métal spéciales qui se placent sur ton plateau d'impression et, grâce à leur texture ou à leur composition chimique, offrent une excellente adhésion de construction. Tu peux même acheter des surfaces de construction flexibles ; celles-ci facilitent le retrait des impressions car, une fois l'impression terminée, tu flexes simplement la surface de construction et l'impression se détache immédiatement !

(Certaines imprimantes sont équipées en standard de ces options intéressantes et utiles pour le plateau d'impression, c'est donc quelque chose à surveiller lors de la considération des modèles d'imprimantes.)

Enceinte

Alors, une imprimante 3D fonctionne parce que nous utilisons des thermoplastiques, qui deviennent plus liquides lorsqu'ils sont chauffés, nous permettant de les pousser à travers une extrudeuse et de créer la forme finale souhaitée ; lorsqu'ils refroidissent, ils se solidifient à nouveau. Nous avons déjà parlé de cela, n'est-ce pas ? La partie dont nous n'avons pas parlé, c'est que tous les thermoplastiques ne réagissent pas de la même manière lorsqu'ils refroidissent. Certains n'ont aucun problème. D'autres ont définitivement des problèmes, surtout lorsque les différentes couches et les différentes parties de l'impression sont à différents stades du processus de refroidissement. Cela peut causer des problèmes aux couches inférieures, en particulier ; il est courant de voir les impressions se recourber un peu aux coins ou d'autres déformations.

Alors, que faisons-nous à ce sujet ? Eh bien, une chose qui peut aider est de contrôler l'environnement d'impression. Une enceinte qui couvre toute ton imprimante 3D peut maintenir l'air à l'intérieur à une température constamment chaude pendant l'impression, ce qui entraîne moins de déformations car tu peux contrôler le processus.

(Deux autres avantages d'utiliser une enceinte : elle garde la poussière loin de ton impression pendant qu'elle est en cours, et si tu as de jeunes enfants autour, cela peut aider à empêcher les petites mains de toucher des objets chauds qu'elles ne devraient pas.)

C'est quelque chose que beaucoup de gens choisissent de fabriquer eux-mêmes ; vraiment, tout ce dont tu as besoin est quelque chose de plus grand que ton imprimante qui peut la couvrir. Les gens ont bricolé des boîtes, des bâches en plastique et—mon préféré—des tables d'appoint IKEA en enceintes très pratiques pour leurs imprimantes.

Cependant, tu pourrais préférer une enceinte fabriquée par quelqu'un d'autre, à la fois pour des raisons de facilité et parce que ces enceintes offrent souvent des caractéristiques comme des matériaux ignifuges (au cas où quelque chose tournerait mal avec une impression et que tu ne sois pas à proximité). Si tu regardes en ligne, tu verras que beaucoup de ces enceintes sont conçues pour s'adapter à des imprimantes spécifiques, donc si tu veux en obtenir une, assure-toi de prendre la bonne.

Tu voudras aussi garder à l'esprit que certains matériaux d'impression comme l'ABS dégagent des odeurs, donc quelle que soit l'enceinte que tu utilises, elle doit te permettre de bien ventiler.

Buse

Une pièce que de nombreux utilisateurs choisissent de changer pour diverses raisons est la buse de la tête d'impression. Le processus de changement de buse peut généralement se faire avec une clé, mais il est bon de lire le manuel d'utilisation et de se renseigner en ligne pour être sûr de connaître la meilleure façon de le faire sur ton imprimante.

Alors, pourquoi voudrais-tu changer la buse ? Il y a plusieurs raisons.

- **Pour nettoyer la buse.** Les buses peuvent se boucher et nécessitent un nettoyage périodique. Si tu avais une buse de rechange à portée de main, tu pourrais la remplacer par une buse bouchée, te permettant ainsi de continuer à imprimer pendant que tu nettoies la première buse.
- **Pour avoir plusieurs tailles de buse.** La taille d'ouverture par défaut des buses de série fournies avec la plupart des imprimantes grand public est de 0,4 mm. C'est une bonne taille de buse générale, mais tu pourrais vouloir une taille différente pour diverses raisons. Une ouverture de buse plus grande serait idéale pour imprimer des pièces plus grandes et pourrait imprimer beaucoup plus rapidement que

les buses plus petites ; une ouverture de buse plus petite serait idéale pour des détails précis mais augmenterait généralement le temps d'impression. Tu pourrais trouver utile de garder quelques tailles différentes à portée de main que tu peux échanger en fonction du projet.

- **Pour passer à un meilleur matériau de buse.** La plupart des buses de série sont en laiton, ce qui est suffisant pour des applications de base. Cependant, certains filaments, comme le filament en fibre de carbone, contiennent des matériaux abrasifs plus durs que le laiton et peuvent endommager la buse lorsqu'ils passent à travers. Avec le temps, l'ouverture de ta buse peut s'élargir à mesure que l'intérieur est poncé par ces matériaux abrasifs. Et alors, aucun de tes projets ne fonctionnera comme tu l'espérais. Pour cette raison, il peut être judicieux de disposer de buses en différents matériaux, comme celles en acier inoxydable ou en acier trempé. Sache que différents métaux peuvent chauffer différemment du laiton, donc garde cela à l'esprit lorsque tu utilises une nouvelle buse.
- **Tout simplement pour avoir une meilleure buse !** Comme c'est souvent le cas avec les appareils électroniques, ce qui est fourni par défaut dans le paquet n'est pas toujours aussi bon que ce que tu pourrais trouver ailleurs. Si tu as choisi une imprimante économique, tu pourrais obtenir des pièces et accessoires économiques, n'est-ce pas ? Donc, si la fabrication et la qualité de la buse de série ne sont pas à la hauteur, passer à une meilleure buse peut être un moyen facile et rapide d'améliorer la qualité de tes impressions.

Stockage du filament

Voici quelque chose à laquelle tu n'as peut-être pas pensé : le taux d'humidité de ton matériau d'impression est important. S'il y a de l'humidité dans le filament, alors lorsqu'il atteint la tête d'impression et qu'il est chauffé pour être extrudé, cette humidité peut se vaporiser et causer des problèmes avec l'impression, voire la faire échouer.

D'accord, tu te dis, mais quel est le problème ? Je vais garder mon matériau d'impression à l'abri de la pluie.

Malheureusement, ce n'est pas si simple : beaucoup de filaments absorbent en fait l'humidité de l'air environnant, ce qui signifie qu'il ne suffit pas de garder tes filaments dans un endroit sûr et sec.

Alors, que faire ? Il y a quelques façons de garder ton matériau d'impression au sec.

La manière la moins chère et la plus facile est de le stocker avec un dessicant. Tu connais ces sachets de gel de silice que tu reçois parfois dans les emballages, ceux qu'on te dit toujours de ne pas manger ? Eh bien, tu peux les acheter en vrac et les garder avec tes filaments dans un contenant hermétique. Certaines personnes sèchent également leurs filaments dans un four à basse température.

Tu veux quelque chose d'un peu plus high-tech et un peu moins DIY ? Il existe de très bonnes options à acheter qui garderont tes matériaux d'impression au sec et prêts à l'emploi. Par exemple, tu peux te procurer un séchoir à filament ou une boîte de séchage : une boîte de rangement qui chauffe suffisamment pour sécher tes matériaux d'impression. Tu peux même en trouver qui permettent de stocker tes filaments pendant que tu imprimes, et ils s'assureront qu'aucune humidité ne soit absorbée par ton filament jusqu'au moment où il entre dans la tête d'impression. Si tu as un filament dont tu es certain qu'il est actuellement sec et que tu veux le garder ainsi, tu peux acheter des contenants de stockage sous vide qui gardent tes matériaux d'impression si bien scellés qu'aucune humidité ne peut y entrer.

(Si tu ne veux pas payer, mais que tu te sens un peu bricoleur, tu peux trouver des tutoriels en ligne montrant comment créer ta propre boîte de séchage avec des objets que tu peux trouver dans un magasin de bricolage.)

Lissage et finition

Voici le truc avec les imprimantes 3D : elles ne créent pas des produits parfaits. Les imprimantes 3D FDM, en particulier, créent un type de produit très particulier. Parce qu'elles déposent le matériau d'impression en couches, tu verras souvent les petites crêtes des couches individuelles, surtout sur les surfaces courbes du produit final. Elles ne peuvent pas toujours non plus faire les détails les plus fins, et parfois elles laissent des morceaux de plastique indésirables ou n'arrivent pas à créer des trous et des détails complètement propres et nets.

Maintenant, tu peux faire des choses pour lutter contre cela : une création soignée de ton modèle 3D, jouer avec les paramètres et utiliser certaines buses. Mais le fait est que même l'objet imprimé le plus soigneusement sera souvent marqué par ces lignes de couches distinctes ou n'aura pas tout à fait la finition ou le niveau de détail que tu voulais.

Peut-être que cela ne te dérange pas, selon ce que tu crées, mais si c'est le cas, il existe de nombreuses options pour parfaire ton objet une fois l'impression terminée.

Pour lisser l'impression, le ponçage est un bon point de départ ; c'est souvent la première étape avant d'utiliser certaines des autres options que nous allons discuter ici. Mais bien que cela aide, si tu veux vraiment donner à ton produit final une surface lisse, envisage certains des produits et accessoires suivants. (Garde à l'esprit que le matériau d'impression que tu choisis influencera tes options pour le lissage ; tous les produits ne fonctionneront pas avec tous les matériaux d'impression.)

Une option consiste à remplir les interstices avec un liquide ou une pâte. Beaucoup de gens ont beaucoup de succès en polissant leurs impressions, comme tu le ferais avec un objet en métal ; le vernis remplira les creux, et tu pourras ensuite polir toute la surface. Un apprêt en spray à haut pouvoir de remplissage, comme ceux que tu pourrais trouver dans n'importe quel magasin de bricolage, peut aussi faire l'affaire. Si tu veux quelque chose spécialement conçu pour l'impression 3D, tu peux trouver des revêtements en ligne que tu appliques au pinceau sur l'objet, lui donnant un aspect lisse et professionnel. Si tu choisis l'une de ces options, assure-toi d'avoir recherché si elle fonctionne bien avec le matériau particulier que tu as choisi pour ce projet. La dernière chose que tu veux est de ruiner quelque chose que tu as déjà imprimé.

Une autre option est la chaleur : comme beaucoup de matériaux d'impression sont des thermoplastiques, ils se ramollissent lorsqu'on leur applique de la chaleur. Un pistolet thermique standard, comme celui que tu utiliserais pour enlever de la peinture ou du papier peint, peut être utilisé pour ramollir et lisser les surfaces de ton projet imprimé. C'est une option qui nécessite beaucoup de précaution et une main délicate. Cependant, si tu n'es pas prudent, il y a un réel risque de ruiner ton projet au-delà du point de réparation.

Une troisième option est l'acétone. Il est important de noter que cela ne fonctionne que si tu as imprimé avec de l'ABS, car il réagit à l'acétone d'une manière que, par exemple, le PLA ne fait pas. Mais si tu as utilisé de l'ABS, c'est une excellente option car l'acétone décomposera la couche extérieure, laissant une surface beaucoup plus lisse. Pour un lissage simple et à petite échelle, tu pourrais acheter un stylo de lissage, comme ceux vendus par Filabot ; ces stylos ont une pointe qui diffuse de l'acétone. Cela te permettra de contrôler exactement combien de lissage tu veux et où tu veux le faire.

Si tu veux lisser toute la surface d'une impression en ABS, le lissage à la vapeur d'acétone pourrait être le bon choix pour toi : cela consiste à enfermer l'impression dans un contenant scellé avec de la vapeur d'acétone et à laisser cette vapeur lisser doucement la couche extérieure de l'impression. C'est quelque chose que tu peux faire toi-même avec des mouchoirs en papier et un contenant scellé, mais si tu penses vouloir utiliser ce processus sur de nombreuses impressions 3D, tu pourrais envisager d'acheter un lisseur dédié, dont il existe un certain nombre disponibles en ligne. Ces produits scelleront ton impression de manière hermétique puis la lisseront avec une fine vapeur d'acétone, et la commodité et la facilité d'un tel produit peuvent en valoir la peine.

(Une option intéressante à examiner est le Polysher de Polymaker, qui donne à tes impressions un niveau de polissage incroyable. Le hic, c'est que tu dois acheter le filament spécial de Polymaker pour obtenir l'effet désiré. D'après ce que j'ai vu, cependant, les résultats finaux sont assez impressionnants ; si tu veux vendre ce que tu imprimes ou les exposer chez toi, cela pourrait en valoir la peine !)

Remarque : Garde à l'esprit que chaque fois que tu lisses ton impression, tu enlèves soit la couche supérieure, soit tu la remplis, ce qui peut te faire perdre certains des détails les plus fins de ton objet. Plus tu lisses, plus de détails seront perdus.

Alors, qu'en est-il de la finition ? Eh bien, pour cela, il existe des outils et des kits de finition. Pour faire simple, il existe des kits que tu peux acheter qui comprennent des lames, des couteaux à sculpter, des aiguilles, des brosses et d'autres outils qui faciliteront des tâches de finition importantes comme découper des structures de soutien, nettoyer des trous ou des détails fins et lisser les bords et les surfaces.

Tu veux quelque chose avec un peu plus de puissance ? Tu peux aussi acheter des outils de finition portatifs avec différentes pièces métalliques qui chauffent. C'est une excellente option si tu te vois faire beaucoup de travail post-impression pour rendre tes modèles parfaits ; ils seront beaucoup plus rapides et plus faciles à utiliser que des lames et des brosses standard.

Utiliser ces produits et accessoires pour lisser et finir les impressions peut être un excellent moyen de faire en sorte que les impressions d'une imprimante 3D bon marché ressemblent à celles provenant d'une machine professionnelle. Si tu veux vendre ou exposer tes impressions 3D, mais que tu ne veux pas dépenser des milliers d'euros pour une machine haut de gamme, quelques accessoires supplémentaires et un peu d'huile de coude peuvent transformer une impression correcte en une impression géniale.

AUTRES ACCESSOIRES

Nous avons à peine effleuré la surface des types de mises à niveau et d'accessoires que tu peux obtenir pour ton imprimante. Malheureusement, beaucoup des mises à niveau les plus puissantes et les plus avancées nécessitent également beaucoup plus de travail et de compréhension du fonctionnement interne de ton imprimante. Ainsi, comme je l'ai mentionné plus tôt dans ce chapitre, nous n'allons pas aborder ces aspects ici. Pour des mises à niveau et des accessoires plus avancés, consulte les livres suivants de notre série !

4

CHOISIR LES MATÉRIAUX D'IMPRESSION

D'accord, nous avons parlé des imprimantes et des accessoires pour imprimantes. Maintenant, nous devons parler des matériaux d'impression.

Comme je l'ai mentionné dans le chapitre 1, tu peux utiliser toutes sortes de matériaux pour l'impression 3D. Il y a des gens qui impriment avec des matériaux aussi variés que du béton, de la pâte de viande végétale et des cellules humaines vivantes. Cependant, ce dont nous allons parler dans ce chapitre, ce sont les types de matériaux que tu serais susceptible d'utiliser avec une imprimante 3D grand public normale.

La plupart des imprimantes sont livrées avec quelques matériaux de test dans la boîte, mais cela ne va pas durer longtemps. Si tu veux commencer à imprimer dès que tu as ton imprimante, il serait judicieux d'acheter du matériau en même temps que ton imprimante.

Les matériaux d'impression 3D sont parfois appelés « filaments », comme tu l'as probablement remarqué tout au long de ce livre. C'est parce que le matériau se présente souvent sous la forme d'un long fil continu, ou filament, enroulé sur une bobine.

(Il est également possible d'imprimer à partir de granulés, mais comme tu peux l'imaginer, cela nécessite un équipement d'impression différent, et il n'y a pas tant d'imprimantes 3D grand public qui le supportent. Cela n'offre pas vraiment d'avantages par rapport aux filaments, du moins d'après ce que j'ai trouvé, donc cela ne deviendra probablement pas une méthode d'impression populaire de sitôt. Mais j'ai pensé en parler au cas où tu verrais des photos de granulés en ligne et serais curieux et confus à ce sujet comme je l'étais la première fois que je les ai vus.)

Dans ce chapitre, nous parlerons des considérations que tu devrais garder à l'esprit lorsque tu choisis un matériau d'impression 3D ; ensuite, nous parlerons de certains des matériaux disponibles.

Remarque : Sache que je vais juste passer en revue les matériaux les plus populaires et les plus basiques ; il y a plus de types de matériaux disponibles que je ne peux en mentionner ici. De plus, sois conscient que je pourrais parler d'un matériau particulier. Cependant, il existe des dizaines de produits différents disponibles sous différents noms qui entrent tous dans la catégorie de ce matériau. Par exemple, nous allons parler du PETT, mais si tu en achètes, tu l'achèteras probablement sous le nom de marque « t-glase ». Donc, si tu recherches l'un de ces matériaux en ligne, ne sois pas surpris si quelqu'un le vend sous un autre nom, et seulement en regardant de près tu pourras dire ce qu'ils vendent exactement.

De plus, sache que certaines marques d'imprimantes pourraient insister sur le fait que tu dois acheter leur propre marque de filament ; Cubify le faisait avec leurs imprimantes CubePro, bien qu'ils aient depuis fermé leur activité d'impression 3D. Bien que cela soit rare, il vaut la peine de vérifier que ton imprimante n'a pas de telles exigences.

CHOSES À GARDER À L'ESPRIT

Ce qui rend l'impression 3D excitante – la flexibilité, la personnalisation, la possibilité de faire presque tout ce que tu veux – peut aussi la rendre assez écrasante pour commencer. Tu as probablement entendu des dizaines d'acronymes : PLA, PVA, PET, PETT, PETG – je veux dire, comment es-tu censé les garder tous en tête et savoir lequel utiliser ?

Eh bien, j'espère qu'à la fin de ce chapitre, tu comprendras mieux tout cela. Et le meilleur endroit pour commencer est de regarder ce que tu as et ce dont tu as besoin.

Quelle imprimante as-tu ?

La première chose à garder à l'esprit est que toutes les imprimantes ne fonctionneront pas avec tous les types de matériaux d'impression. Certains matériaux ont des exigences spécifiques que certaines imprimantes ne peuvent pas répondre... et cela ne te surprendra probablement pas d'entendre que plus l'imprimante est abordable, moins elle pourra gérer.

Tes deux plus grandes préoccupations concernent la chaleur. Certains filaments doivent être chauffés à certaines températures pour atteindre le point où ils peuvent être extrudés correctement, et certains filaments sont également mieux extrudés sur un lit d'impression chauffant. Maintenant, la plupart des imprimantes répondront à ces deux critères, mais certaines des imprimantes les plus basiques et les plus économiques ne le feront pas ; le lit d'impression chauffant, en particulier, semble être une fonctionnalité qui est souvent supprimée lorsque les entreprises essaient de créer une imprimante économique. Donc, assure-toi que ton filament et ton imprimante sont compatibles avant de commencer.

Une autre chose à garder à l'esprit est que, comme je l'ai mentionné dans le chapitre précédent, certains matériaux peuvent endommager les buses en laiton standard qui sont fournies avec la plupart des imprimantes 3D grand public. Ainsi, tu devras passer à une buse durcie (ou même à une buse avec pointe en rubis) si tu veux imprimer avec ces matériaux abrasifs. Donc, si tu n'as pas déjà une buse durcie et que tu veux utiliser l'un de ces matériaux abrasifs, tu dois décider si cela vaut vraiment la peine pour toi de payer pour la nouvelle buse.

Que veux-tu imprimer ?

Différents matériaux seront plus ou moins appropriés pour différentes applications. Nous allons parler de matériaux qui sont sans danger pour les aliments, qui brillent dans le noir et qui sont flexibles, chacun étant idéal pour certaines applications et moins pour d'autres. Le matériau dont tu as besoin dépendra de ce que tu comptes faire avec le produit final.

Note que certains des matériaux les plus sophistiqués te coûteront plus cher que les matériaux de base, alors assure-toi d'en tenir compte dans tes plans.

Quelle taille de filament ton imprimante 3D nécessite-t-elle ?

Les matériaux d'impression sont généralement disponibles en deux tailles : 1,75 mm et 3 mm, ce qui fait référence au diamètre du filament. La documentation de ton imprimante devrait t'indiquer quelle taille acheter pour ton imprimante.

Les deux sont honnêtement assez bien assortis en termes de qualité. Le filament de 3 mm peut être plus facile à utiliser et causer moins d'obstructions. Cependant, de nos jours, les imprimantes qui utilisent du filament de 1,75 mm sont plus populaires, ce qui signifie que plus de fabricants produisent plus de matériaux utilisant du 1,75, ce qui signifie que tu as plus d'options. Certains des matériaux les plus rares pourraient être difficiles à trouver en 3 mm. Donc, si j'achetais une nouvelle imprimante en ce moment, je pencherais probablement pour en acheter une qui accepte le filament de 1,75 mm.

As-tu bien compris tout ça ? Très bien, passons maintenant à certains des matériaux d'impression disponibles.

MATÉRIAUX D'IMPRESSION DE BASE

Maintenant, quand j'appelle ces matériaux "de base", je ne veux pas nécessairement dire qu'ils sont de mauvaise qualité ou même qu'ils sont les plus faciles à utiliser (bien qu'ils tendent à être du côté le plus facile des choses). Ce que je veux dire, c'est que ce sont les matériaux que je considère comme étant appropriés pour des besoins d'impression de base, et non pour des impressions spécialisées. Si j'ai besoin d'imprimer rapidement un petit gadget pour le poser sur le bord de mon bureau et garder tous mes câbles de charge organisés, je vais opter pour l'un de ces matériaux.

PLA

Définition : L'acide polylactique, ou PLA, est un polymère fabriqué à partir de matériaux biologiques ; ces matériaux le rendent biodégradable.

Il produit des impressions durables et opaques.

À propos : Ce matériau est très populaire auprès des débutants et des imprimantes 3D économiques. Il est assez facile à utiliser et, surtout, il est assez collant. Cela signifie que, contrairement à certains autres matériaux, il ne nécessite pas l'utilisation d'un lit d'impression chauffant pour faire adhérer les premières couches et imprimer correctement, ce qui est génial si tu as une imprimante 3D économique qui n'a pas de plateforme chauffée. Il fond à environ 180°C (350°F), ce qui est assez standard – toute imprimante grand public que tu achèteras pourra gérer cette température.

Tu verras beaucoup de mentions de PLA dans cette liste parce que de nombreux matériaux composites – des matériaux où des morceaux de matériaux comme le bois ou le métal sont mélangés avec une base – utilisent le PLA comme matériau de base.

Utilisations : C'est excellent, comme je l'ai dit, comme matériau de base pour commencer à réaliser des projets. Il est sans danger pour les aliments, sous sa forme pure, donc il est idéal pour des choses comme les emporte-pièces et les contenants alimentaires à court terme, comme les bouteilles d'eau. (Vérifie l'étiquette pour être sûr que la marque de filament PLA que tu achètes n'a pas d'additifs qui l'empêcheraient d'être sans danger pour les aliments.)

En tant que remarque à part, une utilisation assez intéressante, mais que j'imagine que la plupart des lecteurs de ce livre ne feront pas, est dans les applications médicales. Le PLA est biodégradable, comme je l'ai mentionné ; avec le temps, il se décompose en acide lactique non toxique (dans certaines conditions – ne t'inquiète pas, tu ne vas pas imprimer quelque chose, et un jour, il disparaîtra simplement). Cela en fait une excellente option pour des choses comme les vis, les broches et les mailles qui peuvent être placées dans le corps d'un patient à des fins médicales et laissées là : en un an ou deux, elles se décomposeront en acide lactique !

Avantages : Comme je l'ai dit, le fait que tu n'aies pas besoin d'un lit d'impression chauffant en fait une excellente option pour les imprimantes 3D économiques. Il est également facile à utiliser – il est assez tolérant si tu ne le chauffes et ne le refroidis pas exactement comme il faut – et produit des constructions solides.

Ma chose préférée à propos de cela ? C'est respectueux de l'environnement, ce qui n'est pas quelque chose que tu peux dire à propos de beaucoup de plastiques. Il est fait de blocs de construction d'acide lactique, ce qui le rend durable et renouvelable. Le processus de production produit moins d'émissions que beaucoup d'autres matériaux. Et il est biodégradable, comme je l'ai mentionné plus haut ; dans les bonnes conditions, il peut se décomposer assez rapidement. Donc, si tu te sens coupable de toute la production de plastique par l'industrie de l'impression 3D et le monde en général, l'utilisation du PLA pourrait te faire te sentir un peu mieux.

Inconvénients : Le PLA ne produit pas des impressions de la même qualité que certains autres matériaux que tu trouveras. Il peut également être cassant et donc pas très résistant aux impacts.

Une chose importante à surveiller est le fait que, comme tous les thermoplastiques, le PLA peut être chauffé, puis refroidi et durci, puis réchauffé. Malheureusement, il n'a pas besoin de beaucoup de chaleur pour commencer à ramollir ; les impressions en PLA commencent à se déformer à des températures aussi basses que 60°C (140°F). J'ai entendu une histoire à propos d'un ami d'un ami qui a imprimé une réplique à grande échelle de R2D2 en utilisant du PLA pour une grande partie du cadre, et un jour, il a dû la laisser dans sa voiture par une journée chaude. Quand il est revenu à la voiture, le pauvre Artoo avait l'air pire que ce jour où il a failli être mangé dans les marais de Dagobah.

ABS

Définition : L'acrylonitrile butadiène styrène, ou ABS, est un plastique résistant à l'eau et aux produits chimiques qui produit des impressions robustes et solides.

À propos : L'ABS a longtemps été un matériau populaire pour les imprimantes 3D en raison de son faible coût et du fait qu'il crée des produits finaux durables. (Cependant, il peut être sensible aux rayons UV à long terme, donc ce n'est peut-être pas le meilleur choix absolu pour quelque chose qui va passer beaucoup de temps au soleil.)

Un fait amusant à propos de l'ABS : ce plastique est ce dont sont faits les Legos. En parlant de ses avantages ci-dessous, tu verras pourquoi c'est un excellent choix pour ces jouets.

Utilisations : Comme je l'ai dit, il est durable, ce qui le rend idéal pour les jouets comme les Legos. Cette durabilité en fait également un excellent choix pour des choses qui vont subir une usure intense, comme les pièces automobiles ou les engrenages. Il apparaît également dans des endroits surprenants : Kawai utilise l'ABS dans ses pianos, et Yamaha l'utilise pour fabriquer ces flûtes à bec que tu as peut-être dû apprendre à jouer en 3e année.

Avantages : Le faible coût de l'ABS en fait un excellent choix pour les débutants qui peuvent passer par beaucoup de filament en apprenant à utiliser leurs imprimantes. Il est également robuste et durable, comme quiconque a marché sur un Lego peut en témoigner.

Il est assez facile à imprimer avec, et il est beaucoup plus résistant à la chaleur que le PLA ; tes impressions en ABS ne vont probablement pas se déformer si tu les laisses dans une voiture chaude. Et il ne réagit pas avec l'eau ou de nombreuses substances domestiques avec lesquelles il peut entrer en contact.

Une caractéristique qui le rend excellent pour les Legos et autres jouets est qu'il prend très bien la couleur ; mélanger des pigments n'a pas d'effets néfastes sur le matériau. Donc, tu peux acheter des couleurs amusantes et vives pour des figurines et des jouets.

Enfin, contrairement au PLA, l'ABS n'est pas biodégradable. Cependant, il peut généralement être recyclé. En fait, tu peux trouver des magasins en ligne qui vendent du filament ABS recyclé (rABS). Si tu veux aider à réduire la quantité de déchets d'ABS, cela pourrait être une excellente option !

Inconvénients : L'ABS a une exigence de température plus élevée que le PLA : tu as besoin d'un extrudeur qui peut atteindre environ 220°C (425°F). La plupart des imprimantes peuvent gérer cela, mais tu voudras vérifier.

Une chose à savoir est que l'ABS peut se déformer et se contracter en refroidissant, donc il est important de contrôler son refroidissement. Comme je l'ai mentionné dans le chapitre sur les accessoires, un boîtier (acheté ou bricolé) aidera à contrôler la baisse de température autour de votre produit final. De plus, un lit d'impression chauffant peut empêcher les couches les plus basses de se déformer avant que les couches supérieures ne soient déposées.

En parlant de lits d'impression chauffants, vous allez certainement en vouloir un pour une impression en ABS, car l'ABS adhère beaucoup mieux à un lit chauffant. De nombreuses imprimantes sont équipées d'un lit d'impression chauffant – généralement, seules les imprimantes économiques ne le sont pas – mais si la vôtre ne l'est pas, vous devrez trouver des moyens d'augmenter l'adhérence au lit (ce dont nous avons parlé dans plusieurs autres chapitres).

Assurez-vous d'imprimer dans un endroit bien ventilé, car l'ABS dégage une odeur lorsqu'il est chauffé ; ce n'est pas la chose la plus agréable au monde, et à des concentrations suffisamment élevées, cela pourrait devenir nocif.

Nylon

Définition : Le nylon est un polymère synthétique composé de polyamides (une protéine présente dans la soie et la laine).

À propos : Bien que le nylon soit relativement nouveau dans le monde de l'impression 3D, il existe depuis un bon moment en tant que matériau : il a été développé par DuPont dans les années 1930 et est le premier polymère thermoplastique synthétique commercialement réussi. Et oui, au cas où vous vous poseriez la question, c'est le même matériau que celui des bas en nylon pour femmes. (Un fait intéressant : les bas en nylon ont été vendus à partir de 1940, mais l'approvisionnement a presque immédiatement manqué parce que le nylon était nécessaire pour les parachutes pendant la Seconde Guerre mondiale.)

Cependant, il ne ressemblera pas à des bas ou à des parachutes lorsque vous imprimerez avec ! Vous trouverez des impressions en filament de nylon robustes, durables et résistantes aux dommages ou à l'abrasion. Dans le peu de temps où il a été utilisé dans les applications d'impression 3D, il est rapidement devenu un matériau très populaire.

Utilisations : Vous voulez dire, à part les bas et les parachutes ? La durabilité du nylon le rend idéal pour les choses qui vont subir de l'usure, comme les engrenages, les vis et les boulons ; sa résistance le rend excellent pour les attaches de câbles, les composants mécaniques et les outils.

Avantages : Même avec la résistance et la durabilité mentionnées ci-dessus, le nylon peut être quelque peu flexible s'il est imprimé suffisamment fin. Il est moins cassant que le PLA ou l'ABS, avec une haute résistance aux impacts. Et il est léger ! Il est également relativement peu coûteux, ce qui en fait une excellente option si vous devez imprimer de grandes pièces.

Il est non toxique et peut produire des impressions lisses et de qualité. Notez que les marques varient quant à savoir si elles émettent des odeurs désagréables pendant l'impression ; vérifiez l'étiquette et lisez les avis sur la marque que vous achetez.

Inconvénients : Le nylon a quelques caractéristiques et exigences plus délicates. Certaines variétés nécessitent une température assez élevée pour l'impression : jusqu'à 250°C et plus, ce qui est supérieur à ce que certains extrudeurs peuvent accomplir. Vous devrez peut-être améliorer votre extrudeur ou même obtenir une buse en métal pour imprimer avec du nylon. (Il existe cependant des produits en nylon à basse température, donc gardez un œil sur ceux-ci.)

Comme l'ABS, le nylon nécessite également un lit d'impression chauffant pour que les premières couches soient correctement posées, et comme l'ABS, il a tendance à se déformer en refroidissant, donc vous voudrez peut-être utiliser un boîtier pour contrôler la température autour de votre impression.

Une chose particulièrement difficile avec le nylon est qu'il est très hygroscopique, ce qui signifie qu'il absorbe l'humidité de son environnement ; j'ai entendu dire qu'il peut absorber jusqu'à 10 % de son poids en humidité en une seule journée. Comme je l'ai mentionné dans le chapitre sur les accessoires, l'humidité dans votre filament peut causer de gros problèmes lors de l'impression. L'humidité se transforme en vapeur lorsque le filament est chauffé, entraînant toutes sortes de problèmes de finition et de structure lors de l'impression. Donc, si vous utilisez du nylon, vous devez vraiment vous assurer de le garder au sec. Référez-vous au chapitre sur les accessoires pour quelques conseils à ce sujet.

Le nylon n'est pas biodégradable (malheureusement, il représente 10 % des débris dans l'océan), et bien qu'il puisse techniquement être recyclé, il est difficile de trouver des endroits qui le font. Soyez donc réfléchi quant à son utilisation.

PET/PETG/PETT/t-glase

Définition : Le polyéthylène téréphtalate, ou PET, est une résine polymère thermoplastique de la famille des polyesters. Dans l'impression 3D, des variantes appelées PETG (polyéthylène téréphtalate glycol-modifié) et PETT (polyéthylène cotriméthylène téréphtalate, vendu commercialement sous le nom de t-glase) sont populaires.

À propos : Le PET a été breveté pour la première fois en 1941 et a une variété d'utilisations en dehors de l'impression 3D : il est couramment utilisé dans les bouteilles d'eau et les emballages alimentaires, et c'est le même polyester utilisé dans les vêtements et les costumes d'Halloween bon marché (en fait, c'est la principale utilisation de ce matériau). Cependant, lorsqu'il est transformé en filament pour l'impression, il devient solide et résilient. L'une de ses propriétés les plus uniques est qu'il est translucide et peut même sembler presque transparent, selon la manière dont il est transformé et façonné. Donc, si vous recherchez cet aspect transparent, c'est le matériau d'impression qu'il vous faut !

Le PETG est du PET modifié avec du glycol ; cela le rend moins cassant, plus clair et plus facile à utiliser. Le PETT manque de glycol et est donc légèrement plus rigide que le PETG mais possède de meilleures qualités optiques. Vous pouvez essentiellement obtenir du PETT uniquement chez Taulman pour le moment ; ils le vendent sous le nom de t-glase.

Utilisations : Le PET est considéré comme sûr pour les aliments par la FDA, c'est donc une excellente option pour les tasses, les bouteilles et autres plats et emballages alimentaires. Étant donné qu'il est imperméable, c'est également une excellente option pour des choses comme les vases.

Son apparence unique le rend également adapté aux impressions translucides. Mais gardez à l'esprit que ce ne sera pas comme regarder à travers un verre ; il est difficile d'obtenir une transparence totale avec ce matériau, donc même dans le meilleur des cas, ce ne sera pas cristallin.

Avantages : Le grand avantage ici, évidemment, est l'apparence ; tous les plastiques n'offrent pas cette apparence unique. Il crée également une finition lisse et brillante. Le filament peut être coloré sans perdre sa qualité transparente, donc vous trouverez des variétés colorées en vente.

Les impressions réalisées à partir de PET sont solides et ont une excellente résistance aux impacts.

Une chose formidable à propos du PET et de ses variantes est qu'ils ne se déforment pas beaucoup et adhèrent bien au lit d'impression, ce qui signifie que les lits chauffants et les boîtiers ne sont pas nécessaires, bien que vous puissiez les trouver utiles.

Le PET n'est pas biodégradable, mais il est recyclable. En fait, si vous voulez rendre le monde plus propre, vous pouvez trouver des boutiques en ligne qui vendent du filament PET fabriqué à partir de matériaux recyclés comme des bouteilles d'eau.

Inconvénients : Comme le nylon, le PET peut absorber beaucoup d'humidité de l'air, ce qui diminuera la qualité de vos impressions. Séchez votre filament avant l'impression en utilisant un séchoir à filament et un système de stockage dédiés, ou optez pour une solution maison avec votre four et des sachets de gel de silice dans un contenant hermétique.

Bien que les impressions en PET soient solides, elles ont une surface quelque peu plus douce que beaucoup d'autres matériaux que nous avons étudiés, ce qui les rend un peu plus sujettes à l'usure.

Ces matériaux nécessitent une température d'environ 230°C, ce qui est assez élevé. Si vous envisagez d'utiliser l'un de ces matériaux d'impression, je vous recommande de lire attentivement la documentation de votre imprimante pour vérifier si elle est compatible avec les matériaux PET. Consultez en ligne ce que d'autres utilisateurs de votre modèle d'imprimante ont à dire sur le sujet.

Enfin, ne misez pas tout sur le fait que votre produit final sera transparent. Il sera certainement beaucoup plus transparent que quelque chose imprimé en ABS, mais il ne ressemblera pas à un produit final taillé dans du cristal. Même avec le t-glase, dont le point de vente principal est la qualité optique du matériau, le fabricant affirme simplement qu'il est "considéré comme incolore selon les classifications industrielles". Consultez en ligne des photos d'impressions en PET pour avoir une idée de ce que vous pouvez réellement attendre si vous optez pour l'un de ces matériaux.

ASA

Définition : L'acrylonitrile styrène acrylate, ou ASA, a été développé comme une alternative à l'ABS, plus adaptée aux utilisations en extérieur en raison de sa meilleure résistance aux UV.

À propos : L'ASA est chimiquement similaire à l'ABS à bien des égards, comme vous pouvez le deviner en regardant les noms : acrylonitrile styrène acrylate et acrylonitrile butadiène styrène. La grande différence est que l'ASA incorpore du caoutchouc acrylique, tandis que l'ABS utilise du caoutchouc butadiène ; cela donne à l'ASA un certain nombre d'avantages par rapport à l'ABS, comme la résistance mentionnée aux rayons ultraviolets.

Les travaux sur le développement de l'ASA ont commencé dans les années 1960, et le matériau a beaucoup gagné en popularité depuis. En plus d'être populaire dans le monde de l'impression 3D, il est beaucoup utilisé dans les applications où le produit final sera exposé aux intempéries, comme les voitures ou les équipements de jardin et de pelouse.

Utilisations : Les caractéristiques mentionnées font de ce matériau un excellent choix pour les applications en extérieur ; si vous allez imprimer un nain de jardin ou une boîte aux lettres personnalisée, ce sera le plastique à utiliser. Il est également excellent comme matériau polyvalent, étant donné ses similitudes avec l'ABS, bien que son prix plus élevé puisse vous dissuader de l'utiliser pour des applications où vous n'avez pas spécifiquement besoin de résistance aux UV.

Avantages : La formulation différente donne à l'ASA de nombreux avantages par rapport à l'ABS. Comme mentionné, il a une meilleure résistance aux UV ; lorsqu'il est laissé à l'extérieur pendant de longues périodes, il est moins sujet au jaunissement et conserve mieux son apparence et sa brillance que de nombreux autres plastiques dans les mêmes circonstances.

Le matériau produit des impressions assez robustes et solides, ce qui le qualifie encore plus pour une utilisation en extérieur. Il a également une meilleure résistance chimique et thermique que l'ABS et résiste mieux aux intempéries au fil du temps.

Inconvénients : Bien que conçu comme une alternative, l'ASA présente beaucoup des mêmes faiblesses que l'ABS, en particulier en ce qui concerne l'impression : il nécessite des températures élevées, vous avez vraiment besoin d'un lit d'impression chauffant, et il se déforme facilement. Il peut également dégager des vapeurs assez fortes (voire potentiellement dangereuses), donc vous voudrez certainement bien ventiler la zone lorsque vous imprimez. Il peut aussi être un filament assez coûteux à acheter, donc si vous n'imprimez pas spécifiquement pour une application extérieure, ce ne sera peut-être pas la méthode d'impression la plus économique.

Matériaux d'impression dissolvables

Vous pourriez regarder ce titre et penser, "Pourquoi diable voudrais-je que mes matériaux d'impression se dissolvent ? Pourquoi voudrais-je imprimer quelque chose qui pourrait disparaître si je le mets en contact avec les mauvaises substances ?"

Eh bien, en général, vous ne faites pas de produits finaux à partir de matériaux dissolvables ; ce pour quoi ils sont utiles, c'est les structures de support. J'ai mentionné cela un peu dans le chapitre 2, mais si vous ne m'en voulez pas de me répéter : une chose délicate à propos de l'impression 3D est la façon d'imprimer des pièces de votre modèle avec des surplombs, où il n'y a rien en dessous pour les soutenir. Imaginez essayer d'imprimer un modèle du Golden Gate Bridge, qui est plein de pièces qui enjambent des écarts ou s'étendent dans le vide. Comment pouvez-vous imprimer cela correctement ? Chaque couche doit reposer sur quelque chose, après tout (à moins que la distance à franchir soit petite ou que la partie en surplomb sorte à un angle inférieur à environ quarante-cinq degrés).

Le truc est d'inclure des structures sur votre modèle qui soutiendront ces parties en surplomb. La partie difficile est que lorsque le tout a refroidi, vous devez couper ou casser les supports, ce qui prend du temps et peut endommager votre impression si vous n'êtes pas prudent. Cependant, si vous avez une imprimante à double extrudeuse, vous avez une deuxième option : faire en sorte qu'un extrudeur utilise le matériau principal pour imprimer votre objet et que l'autre extrudeur utilise un matériau dissolvable pour imprimer la structure de support. Ensuite, lorsque l'impression est terminée, il vous suffit d'immerger votre produit dans ce qui dissoudra les structures de support. Il n'y a pas de découpe, pas de lissage, pas d'essai de cacher le fait que quelque chose y était connecté.

Tout cela pour dire que cette section est principalement utile si vous avez ou envisagez d'acheter une imprimante à double extrudeuse. Pourtant, même si vous ne le faites pas, continuez à lire : vous pourriez penser à une utilisation créative de ces matériaux dissolvables.

PVA

Définition : L'alcool polyvinylique, ou PVA, est un polymère synthétique biodégradable qui se dissout dans l'eau.

À propos : Le PVA a été découvert pour la première fois en 1924, mais il a fallu attendre les années 1950 pour qu'il commence à être beaucoup utilisé commercialement. Il est utilisé dans toutes sortes d'applications, comme la fabrication de papier et de mortier. Sa biocompatibilité a conduit à son utilisation dans certaines applications médicales, comme les lentilles de contact souples et le cartilage artificiel.

Parce qu'il est soluble dans l'eau et non toxique (tant qu'il est en quantités raisonnablement petites), il est utile pour des applications comme les sacs d'appâts. Les pêcheurs achètent des sacs en PVA, y mettent des appâts et les laissent tomber dans l'eau ; le sac se dissout, libérant les appâts et attirant les poissons (et tout cela sans introduire de déchets plastiques dans l'environnement). Des recherches ont même été menées pour les utiliser dans des capsules à libération prolongée pour les médicaments.

Utilisations : Dans le monde de l'impression 3D, le PVA est essentiellement utilisé uniquement pour les structures de support des impressions réalisées avec des matériaux plus durables. Il est particulièrement utile pour les impressions vraiment complexes, avec des structures de support dans des recoins difficiles à atteindre, que vous aurez du mal à retirer simplement avec une lame de rasoir. Il vous suffit d'immerger votre produit fini dans de l'eau tiède, et le PVA se dissoudra, laissant votre beau produit final derrière. (Notez que vous serez laissé avec de l'eau remplie de résidus collants, donc vous devrez faire attention à la manière dont vous la jetez.)

Bien sûr, tout cela signifie que vous avez besoin d'une imprimante à double extrudeuse : une extrudeuse imprimant avec votre matériau principal et l'autre extrudeuse imprimant avec du PVA. Si vous n'avez pas d'imprimante à double extrudeuse, vous devrez faire toute l'impression avec le même matériau et devenir habile avec les outils de finition une fois le produit terminé.

Bien que nous ayons principalement parlé des utilisations des structures de support pour ce produit, vous pouvez penser à d'autres applications où sa solubilité est un atout, et non un inconvénient—comme les sacs d'appâts en PVA que j'ai mentionnés plus tôt.

Avantages : Nous venons de parler longuement de l'avantage évident : la facilité de retrait des structures de support en PVA. Mais ce n'est pas tout ce qu'il offre : le PVA est vraiment facile à imprimer, ne nécessitant pas de températures élevées, ni de caisson ni de lit d'impression chauffant. Vous n'aurez pas besoin de modifier votre imprimante pour l'utiliser.

Ce plastique est assez biodégradable ; cela ne signifie pas que vous pouvez le jeter négligemment dans l'herbe de votre parc municipal, mais cela peut vous rassurer un peu si vous vous inquiétez des déchets plastiques.

Inconvénients : La caractéristique même qui rend cela si utile—qu'il se dissout dans l'eau—peut le rendre difficile à stocker : vous devez le garder aussi sec que possible et à l'écart des sources d'eau et même de l'humidité élevée. Conservez-le dans un contenant hermétique en tout temps.

Il est également assez coûteux, donc si vous faites une impression avec du PVA comme support, vous voudrez vous assurer que votre modèle est optimisé pour utiliser le moins de support possible.

HIPS

Définition : Le polystyrène à haut impact (HIPS) est un polymère hydrocarboné populaire dans le monde de l'impression 3D car il est dissolvable dans le limonène.

À propos : Le polystyrène, découvert pour la première fois en 1839, est l'un des plastiques les plus couramment utilisés dans le monde : on le trouve dans les boîtiers de CD, les couverts en plastique, les contenants, et plus encore. Sa forme mousse est très populaire comme matériau d'emballage léger ; vous le connaissez peut-être sous son nom commercial, le styromousse.

Ce dont nous parlons en particulier, cependant, c'est le polystyrène à haut impact, qui, comme son nom l'indique, est conçu pour être plus résilient et absorber les impacts mieux que les autres types de polystyrène.

Peut-être que sa caractéristique la plus notable en ce qui concerne l'impression 3D est qu'il se dissout dans le limonène, un hydrocarbure liquide mieux connu comme l'huile des zestes d'agrumes (d'où le nom vient : du français "limon," signifiant citron). Contrairement à l'eau nécessaire pour dissoudre le PVA, vous n'avez presque certainement pas accès à beaucoup de limonène. Donc, si vous décidez d'utiliser du HIPS et de le dissoudre, vous devrez également acheter un bidon de limonène.

Utilisations : Le HIPS est peu coûteux, résistant aux chocs et facile à fabriquer, donc dans le monde de la fabrication générale, il est couramment utilisé pour toutes sortes de choses : jouets, gobelets, panneaux, ustensiles de cuisine, dalles de plafond, composants dans les appareils électroniques, et plus encore.

Dans le monde de l'impression 3D, il est le plus couramment utilisé pour les structures de support, mais c'est aussi une excellente alternative à l'ABS pour l'impression normale, étant plus stable dimensionnellement et léger que l'ABS. Oui, il se dissout dans le limonène, mais à quelle fréquence votre objet moyen entre-t-il en contact avec l'huile des zestes d'agrumes ?

Notez que, comme pour le PVA, l'utilisation de ce matériau pour ajouter des structures de support dissolvables à votre impression nécessitera une imprimante 3D à double extrudeuse.

Avantages : Évidemment, la solubilité est l'argument de vente réel pour de nombreuses personnes qui font de l'impression 3D ; elle facilite le retrait des structures de support (et elles sentent bon les agrumes).

Il a d'autres avantages, cependant : il est peu coûteux, léger et produit des impressions solides et résistantes aux chocs. Il est assez facile à imprimer, avec une grande stabilité dimensionnelle.

Si vous utilisez du HIPS comme matériau d'impression normal—pas seulement pour les structures de support—vous serez heureux d'apprendre qu'il est assez facile à finir : une fois imprimé, il peut être poncé, lissé, peint et collé avec une relative facilité.

Inconvénients : Ce matériau n'aime vraiment pas adhérer au lit d'impression ; une plateforme chauffée est nécessaire pour qu'il adhère du tout, et vous devrez peut-être préparer la plateforme avec du ruban adhésif, de la colle, etc. Il imprime également à une température plus élevée que beaucoup d'autres matériaux. Assurez-vous que votre imprimante et votre extrudeuse peuvent supporter les températures nécessaires. Votre processus d'impression bénéficiera également d'un caisson pour que l'impression puisse se dérouler dans un environnement chauffé.

Gardez à l'esprit que si vous utilisez le HIPS comme matériau de support pour une impression en ABS, et que vous laissez le produit final dans le limonène pendant longtemps pour dissoudre le HIPS, le limonène peut commencer à affecter l'ABS après un certain temps. Surveillez donc et ne le laissez pas trop longtemps.

Le HIPS est très recyclable, mais il n'est pas toujours facile de trouver une usine de recyclage qui l'accepte ; malheureusement, il n'est pas très biodégradable. (Je veux dire, pensez juste à la quantité de plastique de polystyrène et de styromousse qui jonche notre environnement. C'est beaucoup.) Donc, gardez cela à l'esprit lorsque vous choisissez d'imprimer avec du HIPS.

MATÉRIAUX D'IMPRESSION COMPOSITES

Jusqu'à présent, tous les matériaux dont nous avons parlé ont créé des impressions qui ressemblent à du plastique. Et pour beaucoup d'objets, c'est exactement ce que vous voulez. Mais que se passerait-il si vous vouliez utiliser votre impression 3D pour créer quelque chose qui ait l'air un peu plus impressionnant ? Un peu plus robuste ? Un peu plus élégant ?

C'est là que les matériaux d'impression composites entrent en jeu. Comme le nom l'indique, ce sont des composites de deux matériaux : un polymère de base, souvent du PLA, mais parfois d'autres, dans lesquels sont mélangées des particules ou des fibres d'autres substances. La base thermoplastique le rend imprimable, et les particules ou fibres lui donnent certaines des propriétés de l'autre matériau.

Certains matériaux composites augmentent la résistance du produit final. D'autres sont utilisés uniquement pour des raisons esthétiques (et peuvent même diminuer la résistance ou la durabilité du produit final).

Fibre de carbone

Définition : Le filament en fibre de carbone contient de courtes fibres de carbone dans un filament de base tel que l'ABS, le nylon ou le PLA.

À propos : La plupart des filaments que je mentionnerai dans cette section sont essentiellement utilisés à des fins esthétiques. Le filament en fibre de carbone, cependant, améliore réellement certaines des propriétés mécaniques du filament de base. Vous avez probablement entendu parler des fibres de carbone, qui sont rigides, légères et solides, avec une haute tolérance à la température et une résistance aux produits chimiques. Cela les a longtemps rendues populaires pour les applications d'ingénierie, de sport et militaires. Vous avez sans doute entendu parler des cadres de vélos en fibre de carbone haute performance, des coques d'ordinateurs portables, des voitures de course et des avions. Le filament en fibre de carbone n'est pas aussi impressionnant car il ne s'agit que de fibres courtes suspendues dans un thermoplastique. Néanmoins, c'est un filament assez extraordinaire.

Utilisations : Sa résistance et sa légèreté font du filament en fibre de carbone un excellent choix pour le prototypage de pièces qui doivent être suffisamment solides pour fonctionner correctement dans des applications exigeantes. Il est également excellent pour les coques de protection et autres applications nécessitant une haute durabilité.

Avantages : Comme je l'ai dit, un filament avec de la fibre de carbone sera plus solide et plus durable qu'un filament simplement composé du plastique de base (bien qu'il ne soit pas aussi solide et durable qu'un polymère renforcé de fibre de carbone, le type utilisé dans une voiture de course de Formule 1). Les impressions réalisées avec ce filament sont légères, surtout en comparaison avec leur résistance. Et les morceaux de fibre de carbone qu'il contient lui confèrent une bonne stabilité dimensionnelle. Comme la plupart des matériaux composites, ce filament prend beaucoup des caractéristiques d'impression de sa base. Donc, si vous avez choisi une base facile à imprimer comme l'ABS, le PLA ou le nylon, il sera également assez facile à imprimer.

Inconvénients : Comme vous pouvez l'imaginer, ce filament peut être assez dur pour votre imprimante ; les morceaux de fibre de carbone qu'il contient sont assez abrasifs. En fait, si vous utilisez la buse de base fournie avec votre imprimante, un filament en fibre de carbone peut l'endommager au point de la rendre inutilisable en seulement quelques impressions. Il peut user la buse jusqu'à ce que le trou soit trop grand, rendant l'impression bâclée et imprécise. Donc, si vous envisagez d'utiliser du filament en fibre de carbone, vous devez absolument vous procurer une buse durcie améliorée capable de supporter l'usure. Si vous avez déjà pensé à imprimer beaucoup en fibre de carbone—peut-être pour fabriquer de nombreuses pièces et prototypes—vous pouvez acheter des imprimantes 3D spéciales dédiées à la fibre de carbone. Il ne vous surprendra peut-être pas d'apprendre qu'elles ne sont pas bon marché. Pendant que nous y sommes : les filaments en fibre de carbone ne sont souvent pas abordables non plus.

Bois

Définition : Le filament de bois contient des particules de bois dans un polymère de base, généralement du PLA ; le filament tend à être composé d'environ 30 % de particules de bois et 70 % de plastique.

À propos : En gros, c'est tout le contraire du filament en fibre de carbone : vous le choisissez non pas pour ses propriétés mécaniques (en fait, il peut même aggraver les propriétés mécaniques du plastique de base) mais uniquement pour son apparence. Pas intéressé par l'apprentissage de la sculpture ? Ne vous inquiétez pas ; le bateau en bois de vos rêves n'est qu'à un rouleau de filament de bois. Vous pouvez obtenir des filaments avec une variété de particules de bois différentes—acajou, bambou, ébène, même liège—pour des apparences finales différentes. (Certaines entreprises vendent des filaments de couleur bois sans véritables particules de bois, alors faites attention à cela.) Vous pouvez même vous la jouer sophistiqué et faire en sorte que votre extrudeuse change de température tout au long de l'impression. Certains filaments de bois deviennent plus foncés à des températures plus élevées, donc vous pourriez volontairement assombrir le produit final à certains endroits pour imiter la variation de couleur que l'on trouve dans le bois réel. Sachez que pour obtenir les meilleurs résultats, vous devrez probablement poncer le bois une fois terminé pour obtenir le bon aspect et toucher.

Utilisations : C'est idéal lorsque vous voulez l'apparence du bois réel ! Utilisez-le pour des jouets, des accessoires, des sculptures et des décorations : imprimez un faux porte-brosse à dents en bambou ou un petit bateau à mettre dans une bouteille.

Avantages : Une chose intéressante à propos de l'impression avec du bois par rapport à la sculpture du bois est que la sculpture gaspille plus de bois : vous commencez avec un bloc de bois, puis vous le découpez et le sculptez jusqu'à ce qu'il prenne la forme souhaitée, et vous jetez tout ce que vous avez retiré. Et comme le PLA est parmi les matériaux les plus respectueux de l'environnement que nous avons abordés ici, un filament de bois avec une base de PLA est quelque chose que vous pouvez utiliser en toute conscience. Ce filament est facile à utiliser car il conserve la plupart des caractéristiques qui rendent le PLA facile à utiliser ; il ne nécessite pas de températures élevées, de lit d'impression chauffant, de caisson, ou quoi que ce soit d'autre. De nombreuses impressions souffrent du fait que lorsque vous regardez le produit fini, vous pouvez vraiment voir la séparation entre les couches. Avec le filament de bois, cependant, cela peut en fait ajouter à l'apparence finale ! Surtout si, comme mentionné, vous avez joué avec le niveau de chaleur pour obtenir cet aspect plus organique. Une fois terminé, l'impression peut être poncée, laquée, teinte, etc. Une fois que vous avez fait tout cela, elle est assez convaincante !

Inconvénients : Un inconvénient est que vous devrez certainement faire un peu de ponçage, de laquage, de teinture, etc., pour obtenir que l'impression finale soit à son meilleur aspect. Un autre inconvénient est que l'ajout de particules de bois au PLA rend le filament un peu plus cassant ; si le filament doit faire des virages serrés en route du rouleau à la tête d'impression, vous pourriez voir des ruptures. Et en parlant de ruptures, rappelez-vous que les impressions que vous créez sont faites d'un polymère mélangé à des fibres de bois, et non du cœur d'un chêne majestueux : elles seront robustes mais pas aussi solides que le bois véritable. En fait, l'ajout de fibres de bois au PLA réduit la résistance aux impacts de ce matériau, rendant les impressions 3D en bois quelque peu fragiles.

Métal

Définition : Le filament métallique contient de la poudre de métal dans un plastique de base, généralement du PLA.

À propos : Beaucoup de ce que je vais dire ici rappelle la section sur le filament de bois car, encore une fois, ce sont des particules d'un autre matériau suspendues dans du plastique. Dans ce cas, il s'agit d'une variété de poudres métalliques : vous pouvez obtenir du bronze, du cuivre, du laiton et plus encore, en fonction de l'apparence que vous recherchez. Et honnêtement ? Les impressions sont assez bonnes, même si vous ne le penserez peut-être pas en voyant le produit final pour la première fois ; en général, il faut poncer et polir l'impression pour vraiment obtenir le bon rendu. Une caractéristique intéressante de ces impressions est que, parce qu'elles contiennent de la poudre de métal, elles ont plus de poids que votre impression plastique standard ; quand vous les soulevez, vous pouvez dire qu'elles sont (partiellement) en métal.

Utilisations : Ce filament est excellent pour les statues et les décorations qui nécessitent cet aspect métallique ; imaginez créer une réplique à l'échelle de la tour Eiffel dans un matériau qui a l'apparence et le poids du vrai métal. C'est aussi un excellent choix pour les bijoux, les pièces de costume et les accessoires.

Avantages : La plupart d'entre nous n'ont pas la capacité de fabriquer des objets en métal sur nos tables de cuisine ; c'est un bon compromis beaucoup plus accessible à la personne moyenne que les machines de travail du métal industrielles. Comme je l'ai mentionné, ces impressions en métal ont un poids et une apparence agréables et convaincants (après avoir été polies et avoir obtenu cet éclat certain). Soyez conscient que certaines entreprises vendent des filaments de couleur métallique qui ne contiennent en réalité aucun métal ; assurez-vous de lire l'étiquette et de savoir ce que vous obtenez. Parce que le PLA est généralement utilisé comme base, ce filament n'est pas trop difficile à imprimer ; il a les mêmes besoins de température et de lit d'impression qu'un filament PLA standard.

Inconvénients : Comme avec le filament de bois, vous devez faire un peu de travail à la fin pour obtenir que les impressions en filament métallique aient le meilleur aspect. Et comme avec le filament de bois, la présence de particules étrangères dans le filament peut le rendre plus cassant et sujet à la rupture s'il doit faire des virages serrés ou se plier sur lui-même. Parce qu'il est plus lourd que le filament moyen, le filament métallique a quelques difficultés avec les surplombs qui ont tendance à s'affaisser ; vous devrez peut-être utiliser encore plus de structures de support que vous ne le feriez avec un autre filament. La poudre métallique à l'intérieur du filament est quelque peu abrasive et peut endommager votre buse ; si vous utilisez une buse de base, vous devrez la remplacer par une buse durcie. Et pourtant, tout ce poids et cette abrasivité ne signifient pas que ce filament est aussi solide et durable que le métal ; les pièces imprimées sont en fait assez fragiles.

Pierre

Définition : Le filament en pierre contient de la poudre de pierre ou de craie dans une base polymère (généralement du PLA). Il crée des impressions qui ont l'apparence de pierre sculptée.

À propos : Cela vous semblera familier après avoir lu les sections sur le bois et le métal : il s'agit d'un plastique de base avec de la poudre de pierre à l'intérieur. C'est un peu plus inhabituel que les deux autres, mais j'en parle parce que je trouve vraiment intéressant que ce soit quelque chose que vous puissiez faire. Vous pouvez le trouver en différentes couleurs, y compris certaines avec plusieurs couleurs pour lui donner un aspect plus réaliste. Cela dit, pour être parfaitement honnête, je trouve que c'est le moins convaincant de ces types de filaments (pierre, métal, bois) qui tentent de mimer une autre substance. Je pense que ceux en bois et en métal peuvent avoir un excellent rendu une fois finis ; je n'ai pas encore vu d'impression 3D en pierre que je trouve convaincante comme de la vraie pierre. Si vous en trouvez une, faites-le moi savoir, peut-être devrais-je avoir un peu plus de confiance en ce filament de pierre.

Utilisations : Cela sera principalement pour une utilisation décorative : utilisez-le pour créer des bustes, des repose-baguettes et des répliques des têtes de l'île de Pâques.

Avantages : Comme pour les deux autres, ce filament est généralement assez facile à imprimer car la base est généralement du PLA ou un autre filament commun et facile à utiliser : il n'y a pas de besoin particulier de température ou de lit d'impression chauffé. Il peut être utilisé pour créer quelque chose que la plupart d'entre nous n'ont tout simplement pas les compétences de sculpture pour créer nous-mêmes.

Inconvénients : Malheureusement, comme pour le métal, l'ajout de poudre de pierre réduit la durabilité du PLA sous-jacent ; les impressions réalisées à partir de ce matériau sont souvent cassantes et se brisent facilement. De plus, parce que la poudre de pierre peut contenir de petits morceaux, elle peut être quelque peu abrasive ; au fil du temps, elle peut endommager votre buse. Si vous allez imprimer avec de la pierre, vous devriez probablement passer à une buse en acier trempé. C'est définitivement l'un des types de matériaux les moins connus et les moins courants ; lorsque je l'ai recherché sur Google, seules quelques options d'achat sont apparues. Ce n'est pas idéal pour vous en tant qu'acheteur ; plus il y a d'options d'achat, plus les entreprises se font concurrence sur les prix, ce qui est généralement bon pour vous. Néanmoins, vous pouvez certainement trouver des options intéressantes pour les filaments composites en pierre.

MATÉRIAUX D'IMPRESSION SPÉCIALISÉS

Cette dernière section concerne les matériaux qui entrent dans la catégorie "Autres" : des matériaux aux propriétés inhabituelles qui ne se rangent pas facilement dans les catégories que nous avons déjà mentionnées. Ce sont des matériaux que vous n'utiliserez probablement pas fréquemment, mais qui pourraient être parfaits pour des impressions et des applications spécifiques. En réalité, il existe de nombreux matériaux spécialisés, avec de nouveaux apparaissant tout le temps ; je n'ai pas le temps de couvrir même une fraction de ce qui existe. J'ai donc choisi ici quelques filaments que je trouve personnellement intéressants et amusants, mais gardez un œil ouvert car il y a beaucoup d'autres options formidables.

Phosphorescent

Définition : Les filaments phosphorescents contiennent du matériau phosphorescent ajouté à une base, généralement du PLA.

À propos : Nous avons tous eu des jouets phosphorescents, non ? Ou au moins des étoiles phosphorescentes collées à nos plafonds quand nous étions enfants ? C'est le même genre d'idée : si vous exposez le matériau à la lumière, il brillera pendant un certain temps ensuite. (À noter : avec ce genre de matériau, le type de lumière auquel vous l'exposez peut affecter sa durée et son intensité de brillance. Par exemple, une bonne lumière UV de près vous donnera une meilleure brillance que si vous laissez l'objet sur votre comptoir de cuisine et le laissez absorber la lumière d'une ampoule incandescente distante.)

Utilisations : C'est excellent pour les jouets pour enfants, les décorations d'Halloween, les costumes et accessoires, et toute autre application où la phosphorescence rendrait l'objet un peu plus amusant. Vous pourriez également trouver des applications pratiques pour ce matériau ; par exemple, et si vous l'utilisiez pour fabriquer des objets ménagers que vous cherchez souvent à tâtons dans le noir, comme les interrupteurs ou les prises ?

Avantages : La base de ce matériau est généralement du PLA, ce qui signifie que ces filaments ont tous les mêmes grands avantages que l'impression avec du PLA : il est facile à utiliser et ne nécessite pas des températures particulièrement élevées, des lits d'impression chauffants, des enceintes ou des buses spéciales. Imprimez simplement comme vous le feriez avec du PLA ordinaire, et vous ne devriez pas rencontrer beaucoup de problèmes !

Inconvénients : C'est très amusant, et si vous faites quelques recherches en ligne et choisissez une marque avec de très bonnes critiques, vous pouvez vous attendre à un matériau qui brille bien dans le noir. Ne vous attendez simplement pas à des miracles. Vous avez déjà vu ce genre de plastique phosphorescent, non ? La lueur ne dure généralement pas très longtemps, et elle ne sera jamais assez brillante pour lire Guerre et Paix. Gardez simplement vos attentes raisonnables et vous serez heureux.

Flexible

Définition : Les élastomères thermoplastiques (TPE) sont un mélange de caoutchouc et de plastique plus dur, ce qui les rend robustes mais flexibles. Une des formes les plus populaires de TPE est le polyuréthane thermoplastique ou TPU.

À propos : Les élastomères thermoplastiques sont disponibles depuis plusieurs décennies maintenant. Dans le monde de l'impression 3D, ils ajoutent une caractéristique intéressante que la plupart des autres matériaux n'ont pas : les impressions peuvent être déformées sans rester de cette façon à long terme. Assurez-vous de lire les avis et les questions sur le matériau que vous achetez ; différentes marques ont différentes formulations, ce qui signifie que certaines sont super flexibles et d'autres seulement un peu flexibles.

Utilisations : Cette flexibilité le rend idéal pour des applications comme les coques de téléphone, où une certaine flexion est requise, mais vous voulez aussi quelque chose de robuste pour protéger votre téléphone. C'est également idéal pour les jouets – imaginez l'utiliser pour les pneus d'une voiture jouet – et pour l'amortissement des vibrations.

Avantages : Le fait que vous puissiez plier les impressions faites avec ce matériau le distingue beaucoup des autres plastiques ; cela ouvre un monde de possibilités intéressantes pour l'impression. Il produit également des impressions finales assez robustes, qui ne sont pas très sujettes à l'usure. Ce matériau a une bonne stabilité matérielle et des propriétés thermiques également.

Inconvénients : C'est un matériau difficile à imprimer. Les gens trouvent qu'il a tendance à faire des fils – c'est-à-dire, lorsque la tête d'impression se déplace, elle laisse derrière elle de longs fils de filament éparpillés sur le projet final – et qu'il n'est pas très bon pour imprimer des couches superposées. Vous voudrez concevoir et optimiser votre modèle très soigneusement pour éviter certains des pires problèmes liés aux rétractions (lorsque la tête d'impression recule ou se rétracte, une partie du filament pour que la tête d'impression puisse se déplacer vers une nouvelle partie du modèle sans laisser une traînée de filament). Ces impressions peuvent également bénéficier d'une vitesse d'impression plus lente.

Aussi, la flexibilité, qui est le point focal de tout ce que j'ai dit à propos de ce matériau, est aussi la cause de l'un de ses défis : il se plie facilement. Ainsi, lorsqu'une imprimante 3D essaie de le forcer dans la tête d'impression, le filament peut ne pas coopérer. Si vous pensez vouloir imprimer beaucoup avec des matériaux d'impression flexibles, vous pourriez investir dans un extrudeur à entraînement direct. Il existe même des entreprises qui vendent des têtes d'impression spécialement conçues pour traiter des matériaux flexibles. Si vous allez utiliser beaucoup de filament flexible, vous pourriez envisager de vous renseigner là-dessus !

Soyez vraiment conscient que lorsque vous imprimez avec ce matériau, vous devrez peut-être expérimenter beaucoup avec différents réglages avant de trouver ce qui fonctionne le mieux avec votre filament et votre imprimante.

Conductif

Définition : Les filaments conducteurs combinent un thermoplastique avec une substance conductrice pour vous permettre de créer des impressions qui conduisent l'électricité.

À propos : Il s'agit d'un produit relativement nouveau sur le marché, qui ouvre tout un monde de possibilités pour l'impression 3D. L'élément conducteur dans ces filaments est généralement le graphène, qui est un allotrope du carbone qui conduit bien l'électricité. Le graphène lui-même est encore assez nouveau ; les applications potentielles sont encore en cours d'exploration, mais à mesure que de nouvelles méthodes sont développées pour réduire le coût de production du graphène, nous le verrons sans doute dans encore plus de domaines. Et les filaments qui incorporent du graphène suivent le même chemin.

Utilisations : C'est certainement le matériau le plus spécialisé de tous ceux que nous avons discutés ; j'imagine que 98% des personnes lisant ce livre ne trouveront jamais d'utilisation pour ce matériau. Mais si vous aimez fabriquer ou réparer des gadgets électroniques, cela pourrait vous ouvrir tout un nouveau monde ! Imaginez concevoir des circuits électriques personnalisés ou imprimer des stylets spécialisés pour une utilisation avec des appareils à écran tactile. Ce matériau pourrait également être utilisé pour créer des capteurs capacitifs, comme le trackpad que l'on trouve sur un ordinateur portable. Toutes ces applications sont très spécialisées, mais pour un certain segment de la population des utilisateurs d'imprimantes 3D, cela pourrait être une véritable révolution.

Avantages : Évidemment, le premier avantage est que ce plastique conduit l'électricité. De plus, comme certains des autres matériaux que nous avons mentionnés, parce que la base de ce filament est du PLA, à bien des égards, il s'imprime comme du PLA ; vous n'avez pas nécessairement besoin d'un lit d'impression chauffant, d'une enceinte ou autre.

Inconvénients : La chose la plus importante à garder à l'esprit est que bien que ce matériau soit plus conducteur que la plupart des matériaux d'impression 3D, il reste moins conducteur que les matériaux véritablement conducteurs comme le cuivre. Il est vraiment mieux adapté aux petites applications à faible tension, où il ne devra travailler qu'avec des dispositifs à faible puissance. La conduction lente n'est certainement pas adaptée aux applications à haute puissance.

C'est aussi l'un des filaments les plus chers, compte tenu des coûts élevés associés à l'utilisation du graphène.

Un problème que j'ai souvent entendu rapporter par les utilisateurs de ce matériau est que l'ajout de graphène rend le filament plus cassant que le PLA pur. Cela peut affecter vos impressions finales, et cela peut aussi provoquer la casse du filament lui-même lorsqu'il se déplace de la bobine à la tête d'impression. Vous devrez vous assurer que votre configuration est telle que le filament n'a pas à contourner des coins serrés, et vous devrez également être prudent dans la conception et la manipulation de vos impressions. Certaines personnes ont eu de la chance en imprimant un boîtier en PLA autour de l'impression conductrice. Cela ajoute de la solidité et de la durabilité au produit final global.

Ce chapitre était long, mais j'espère que vous l'avez trouvé utile ! Il y a beaucoup de choix excellents et pas de bonnes ou mauvaises réponses : pour chaque impression que vous faites, le filament approprié dépendra de votre imprimante, de votre projet et de votre résultat final souhaité.

Un dernier mot sur les filaments : supposez que les premières impressions que vous faites ne seront pas parfaites. Avec cela en tête, commencez par utiliser un des filaments moins chers, comme le PLA ou l'ABS, jusqu'à ce que vous maîtrisiez les choses. Ne commencez certainement pas avec de la fibre cartoon ou du filament conducteur en premier : vous risquez probablement de gaspiller de l'argent de cette façon.

5

LOGICIEL D'IMPRESSION 3D

Jusqu'à présent, nous avons beaucoup parlé de matériel et de matériaux : quelle imprimante choisir et quel matériau utiliser. Mais il ne s'agit pas que de matériel ; vous passerez également du temps sur votre ordinateur, à travailler avec des logiciels d'impression 3D. La profondeur à laquelle vous vous plongerez dans l'univers des logiciels variera en fonction de vos besoins et intérêts. Mais un certain travail informatique fait partie intégrante de chaque impression.

Pour commencer, examinons une vue d'ensemble de ce que vous devrez faire sur le plan logiciel dans le cadre de l'impression 3D.

1. Obtenez un modèle 3D à imprimer.
2. Préparez le modèle pour l'impression.
3. Envoyez le modèle à l'imprimante 3D.

C'est l'une des parties excitantes, n'est-ce pas ? Vous avez choisi l'imprimante et le matériau, vous avez fait tout le travail technique pour la configurer, et maintenant vous allez décider ce que vous allez imprimer et comment vous allez l'imprimer.

Nous allons parler de chacune de ces étapes en détail. Gardez à l'esprit qu'il s'agit d'une vue d'ensemble ; de nombreux détails varieront en fonction de l'imprimante et du logiciel que vous utilisez, donc je ne vais pas entrer dans les détails spécifiques ici. Pour les spécificités, vous voudrez consulter les manuels et la documentation de support de votre imprimante et de votre logiciel.

Très bien, plongeons dans le processus.

OBTENEZ UN MODÈLE 3D

J'ai délibérément choisi le mot "obtenir" ici parce que c'est ce que nous allons couvrir : obtenir un modèle 3D pour l'imprimer. Ce livre ne va pas traiter de la modélisation 3D ; il est destiné à être une vue d'ensemble et une introduction, et la modélisation 3D - qui peut être un processus assez impliqué et complexe, surtout si votre modèle et/ou votre logiciel est compliqué - est en dehors du cadre de ce livre. Il existe d'autres sources excellentes pour en savoir plus sur la modélisation 3D si c'est quelque chose que vous souhaitez explorer.

Un mot sur les formats de fichiers

Presque tous les logiciels de modélisation 3D auront un format propriétaire spécial dans lequel ils enregistrent, ce qui n'est pas bon pour le partage de fichiers ou l'impression ; il y a de fortes chances que votre imprimante ne lise pas le format obscur utilisé par le logiciel. Il est important d'avoir un format de fichier commun que presque tous les logiciels peuvent exporter et que chaque imprimante peut accepter. Et c'est là qu'intervient le STL.

Définition : Le STL est un format de fichier pour représenter des objets

3D. STL signifie stéréolithographie, qui est un autre type d'impression 3D utilisant un mécanisme totalement différent de celui de l'impression FDM dont nous avons parlé. Le format a été inventé à l'origine par la société 3D Systems, mais il est devenu très répandu dans le monde de l'impression 3D.

Maintenant, il existe d'autres formats que vous pourrez utiliser de temps en temps. Mais le STL est un excellent point de départ pour notre discussion car il s'agit d'un format de fichier largement utilisé et compatible. Pensez-y comme à la lingua franca de l'impression 3D.

Donc, en parlant de trouver des modèles 3D, vous voudrez vous assurer que les modèles que vous trouvez se terminent par .stl. Bien sûr, si vous trouvez d'autres formats, vous pouvez peut-être les ouvrir et les exporter en STL, mais cela nécessite que vous ayez le bon logiciel pour ouvrir le fichier. Il est beaucoup plus facile de trouver un fichier .stl dès le départ.

Trouver des modèles

Alors, où obtenez-vous un modèle 3D si vous n'allez pas le créer vous-même ? Vous avez plusieurs options ici. Pour commencer, certaines imprimantes incluent des modèles de base à utiliser comme impression de test sur votre nouvelle imprimante ; si tout ce que vous voulez faire est imprimer quelque chose pour vous familiariser avec le processus ou tester votre nouvelle imprimante, commencez par là !

Ensuite, allez en ligne pour consulter les millions de modèles disponibles sur Internet. Voici quelques bonnes sources à vérifier. Thingiverse est probablement le meilleur endroit pour commencer, à la fois pour notre discussion et votre recherche de fichiers. C'est la plus grande collection de modèles 3D sur Internet – plus de 2 millions, d'après ce que j'ai entendu – et tout est 100% gratuit.

Thingiverse

Thingiverse est géré par Makerbot, un nom que vous devriez reconnaître de notre discussion sur l'histoire de l'impression 3D ; ils ont présenté la première imprimante 3D grand public à un salon en 2010. J'aime beaucoup Thingiverse pour plusieurs raisons, mais l'une d'elles est l'engagement envers une plateforme ouverte. Consultez la page À propos sur le site Web, et vous verrez ce qui suit : "Dans l'esprit de maintenir une plateforme ouverte, tous les designs sont encouragés à être sous licence Creative Commons, ce qui signifie que tout le monde peut utiliser ou modifier n'importe quel design." Donc, en plus d'être gratuits, de nombreux modèles peuvent être librement modifiés à volonté.

Thingiverse encourage toute personne souhaitant contribuer à le faire, qu'elle soit professionnelle, amateur ou débutante. Il y a des aspects positifs et négatifs à cela : d'une part, cela signifie qu'il y a une multitude de modèles que les gens ont contribué, donc vous avez plus de chances de trouver ce que vous cherchez. D'autre part, vous trouverez une gamme de qualité variée ; certains modèles seront définitivement meilleurs que d'autres. Heureusement, la plateforme facilite et encourage l'interaction : ouvrez un modèle, et vous pourrez voir le nombre de personnes qui l'ont aimé, les commentaires d'autres utilisateurs, les remixes (modèles que les gens ont créés en modifiant ou en empruntant des éléments de ce modèle), et les réalisations, qui sont des photos téléchargées par les utilisateurs des impressions qu'ils ont réalisées à partir de ce modèle. En examinant ces appréciations, commentaires et réalisations, vous pouvez généralement avoir une assez bonne idée de la qualité du modèle.

En gros, si je cherche un fichier STL pour l'impression 3D, c'est le site que je consulte en premier. Découvrez-le sur www.thingiverse.com.

CGTrader

CGTrader est à l'opposé de Thingiverse. Alors que Thingiverse est une plateforme ouverte pour échanger librement des modèles pour l'impression 3D, CGTrader est une place de marché pour acheter et vendre de nombreux types de modèles 3D, pas seulement ceux adaptés à l'impression 3D. C'est toujours un excellent endroit pour rechercher des modèles pour plusieurs raisons. Premièrement, les modèles qu'ils proposent sont de très haute qualité car ils sont réalisés par des designers professionnels. Deuxièmement, bien que ce soit principalement pour acheter et vendre des modèles, il y a une collection importante de modèles gratuits.

CGTrader existe depuis 2011 ; il a été fondé par un designer 3D et a été conçu comme une place de marché conviviale pour les designers. Apparemment, c'était une idée qui répondait à une forte demande car le site a connu une croissance exponentielle depuis lors ; il compte maintenant 1 million de modèles disponibles et près de 4 millions d'utilisateurs inscrits, incluant plusieurs entreprises du Fortune 500 parmi ses clients.

Comme je l'ai dit, cela signifie que ce sont des modèles de haute qualité. Assurez-vous simplement, lorsque vous parcourez les modèles en vente, que vous avez sélectionné "3D Print Models" lorsque vous recherchez des modèles 3D. Vous pouvez également vérifier sur la page du modèle s'il est adapté à l'impression 3D ; cela sera généralement indiqué dans la description ou les détails.

Pour trouver des modèles gratuits, sélectionnez "Free 3D Models" lors de la recherche de modèles 3D. Cependant, il peut être intéressant d'acheter un modèle si vous en trouvez un qui vous plaît. Ils ne sont généralement pas très chers, généralement de 5 à 50 dollars, et vous pouvez trouver de magnifiques travaux. Et s'il y a un design que vous adorez mais qu'il est dans le mauvais format, certains designers offrent la possibilité de demander une conversion de format.

C'est aussi une excellente plateforme pour trouver des designers pour des travaux personnalisés. Si vous trouvez un modèle que vous aimez et que vous appréciez le travail du designer, vous pouvez utiliser le bouton Hire Me pour le contacter et l'embaucher pour un travail personnalisé, ou vous pouvez utiliser la plateforme Freelance 3D Designers pour publier des offres d'emploi et embaucher des freelances. Si vous voulez juste imprimer un porte-brosse à dents pour le plaisir, vous n'avez probablement pas besoin de franchir cette étape. Mais dans certaines circonstances - peut-être que vous avez l'intention de vendre vos impressions, donc les coûts initiaux seraient compensés par vos ventes - cela pourrait être le moyen idéal pour obtenir un modèle exactement comme vous le souhaitez.

Découvrez tout cela sur www.cgtrader.com.

Cults

Cults n'est honnêtement pas l'un de mes préférés. Il fait essentiellement ce que fait CGTrader : il propose un mélange de modèles gratuits et payants, majoritairement de haute qualité et à des prix raisonnables. Cependant, la collection n'est pas aussi grande que celle de CGTrader, et je trouve le site encombré de publicités et difficile à utiliser.

D'accord, vous demandez, alors pourquoi en parler ? Il y a quelques raisons à cela : premièrement, le site Web prend en charge l'anglais, le français et l'espagnol, donc si vous êtes plus à l'aise en français ou en espagnol qu'en anglais, vous avez de la chance !

Deuxièmement, Cults s'efforce vraiment d'offrir une expérience plus sociale pour les amateurs d'impression 3D ; vous pouvez suivre les designers que vous aimez, ce qui est amusant si vous voulez voir quels nouveaux modèles ils créent. Ils organisent également beaucoup de concours.

Donc, si vous pensez que ces deux aspects pourraient vous intéresser, vous pourriez vouloir donner une chance à Cults !

Découvrez-le sur www.cults3d.com.

MyMiniFactory

MyMiniFactory est un site web intéressant. À sa base, c'est une place de marché pour acheter et vendre des modèles 3D ; ils ne sont peut-être pas aussi professionnels que ceux de CGTrader, mais ils sont souvent moins chers, donc c'est un compromis. Il propose également de nombreux modèles gratuits ; malheureusement, je n'ai jamais trouvé de moyen de filtrer les modèles pour n'afficher que les gratuits. Heureusement, une fois que vous parcourez les modèles disponibles, ceux que vous devez payer sont assez clairement marqués.

Maintenant, ce n'est pas aussi sophistiqué que CGTrader, et le site est un peu encombré et pas mon préféré à utiliser ; il a également une collection plus petite. Alors pourquoi en parler ? Eh bien, il y a quelques choses qui font que MyMiniFactory se démarque.

La première est que le site penche définitivement vers le gaming ; il y a une quantité vraiment étonnante de modèles liés aux jeux de société. Ne vous méprenez pas - il y a aussi beaucoup d'autres choses, bien que même parcourir une catégorie comme les luminaires fasse apparaître pas mal de modèles à thème fantastique et de jeu.

MyMiniFactory héberge également des informations sur les campagnes de financement participatif liées aux jeux. Donc, si c'est quelque chose que vous recherchez, vous voudrez certainement consulter ce site en premier.

Une autre chose agréable à propos de MyMiniFactory est qu'ils affirment que tous les modèles sont vérifiés par un logiciel puis testés en impression avant d'être publiés, donc vous pouvez compter sur ces fichiers pour être assez fiables et utiles.

Si vous êtes intéressé par la création de modèles 3D, MyMiniFactory propose de nombreuses activités qui pourraient vous plaire ; en plus de vous permettre de vous inscrire pour vendre vos modèles, le site organise des concours de design, souvent en partenariat avec d'autres entreprises pour offrir des prix en argent. Et les designers qui souhaitent se faire connaître davantage — ou qui adorent simplement partager ce qu'ils savent sur l'impression 3D — peuvent soumettre des articles au blog communautaire.

Pour moi, l'une des caractéristiques les plus intéressantes de MyMiniFactory est Scan the World, qui se décrit comme une "initiative ambitieuse construite par la communauté dont la mission est de partager des sculptures imprimables en 3D et des artefacts culturels en utilisant des technologies de numérisation 3D démocratisées". Le projet s'est associé à des musées et des organisations du monde entier pour rendre disponibles au téléchargement et à l'impression des modèles de certaines des pièces les plus célèbres de leurs collections et de certains des monuments les plus célèbres du monde. Vous souhaitez une réplique du David de Michel-Ange pour décorer votre maison ? Que diriez-vous d'une version miniature du célèbre Duomo de Florence ou de la Grande Mosquée de Djenné au Mali pour ajouter un peu de piment à un rapport scolaire ? Pourquoi ne pas jouer aux échecs avec votre propre ensemble des célèbres pièces d'échecs de Lewis ? Scan the World affirme que son objectif est de "rendre le patrimoine tangible accessible à tous", et j'aime personnellement ce projet. Découvrez-le si vous voulez voir certaines des choses étonnantes que vous pouvez imprimer en 3D.

Voyez tout cela sur www.myminifactory.com.

Etsy

Etsy est un site auquel vous n'auriez peut-être pas pensé, mais vous pouvez y trouver de nombreuses annonces proposant des fichiers STL, ainsi que des designers offrant leurs services pour créer des modèles personnalisés. Si vous cherchez quelque chose de spécifique et que vous ne le trouvez nulle part ailleurs, cela pourrait valoir la peine de jeter un coup d'œil !

Il y a beaucoup d'autres endroits que vous pouvez explorer ; comme vous pouvez le voir, les possibilités sont presque infinies, et vous n'aurez peut-être jamais besoin de créer votre propre modèle 3D ! Allez en ligne et jetez un œil à tous les modèles incroyables qui s'offrent à vous.

PRÉPAREZ LE MODÈLE POUR L'IMPRESSION

Alors, vous avez trouvé un modèle que vous voulez imprimer : soit vous utilisez un fichier de test, soit vous avez téléchargé un fichier STL trouvé en ligne sur votre ordinateur. Et maintenant ?

Il s'avère que vous ne pouvez pas simplement imprimer un fichier STL ; c'est essentiellement juste une liste de coordonnées décrivant la géométrie de surface de votre objet 3D, ce qui est inutile pour une imprimante 3D. Vous devez donc d'abord le préparer dans un logiciel appelé un slicer. Qu'est-ce qu'un slicer, me demandez-vous ?

Définition : Un slicer est un logiciel qui prend un modèle 3D et une série de paramètres entrés par l'utilisateur et produit un ensemble de commandes pour une imprimante 3D.

Vous voyez, nous avons beaucoup parlé du fonctionnement de l'impression 3D : l'imprimante dépose des couches qui se superposent lentement jusqu'à ce qu'elles créent l'objet final. Le slicer, comme son nom l'indique, découpe le modèle en ces couches.

C'est une simplification : ce qui se passe, c'est que vous entrez le modèle 3D, et vous donnez également au logiciel certains paramètres, comme la hauteur des couches et la vitesse d'impression. La configuration de ces paramètres varie en fonction du modèle, de votre imprimante, du matériau et de vos besoins. Tous ces paramètres interagissent entre eux de manière que vous devez connaître.

Par exemple, certains matériaux et certaines imprimantes fonctionnent mieux à certaines vitesses ; certains modèles fonctionneront mieux avec certaines hauteurs de couche ; et ainsi de suite. De plus, vous devez penser à l'utilisation finale du modèle et au temps que vous êtes prêt à y consacrer : une vitesse d'impression plus lente et des couches plus fines peuvent vous donner un produit final plus détaillé, mais cela pourrait également ajouter des heures ou des jours à votre temps d'impression. Et si tout ce que vous imprimez est un porte-brosse à dents pour votre camping-car, peut-être que les détails fins ne vous importent pas vraiment, et que vous seriez plus heureux avec une impression plus rapide. Comme vous pouvez le voir, la configuration de ces paramètres varie d'une impression à l'autre, d'une imprimante à l'autre, d'une personne à l'autre.

Les slicers vous permettent généralement de faire des modifications spécifiques également. Vous pouvez définir l'échelle du produit final, en vous assurant qu'il est de la bonne taille. Vous pouvez définir l'épaisseur des parois de l'objet imprimé et si certaines parties sont creuses ou ont un remplissage.

Définition : Le remplissage (infill) fait référence à ce qui est imprimé à l'intérieur des parois d'une impression 3D. Il peut varier en densité, en motifs et en résistance. Par exemple, un objet imprimé qui doit supporter du poids ou résister à des contraintes nécessitera probablement un remplissage de haute densité, tandis que quelque chose qui va simplement rester joliment sur une étagère peut probablement se contenter d'un remplissage de faible densité (rappelez-vous qu'un remplissage de faible densité nécessitera moins de temps d'impression, moins de matériau et moins d'argent).

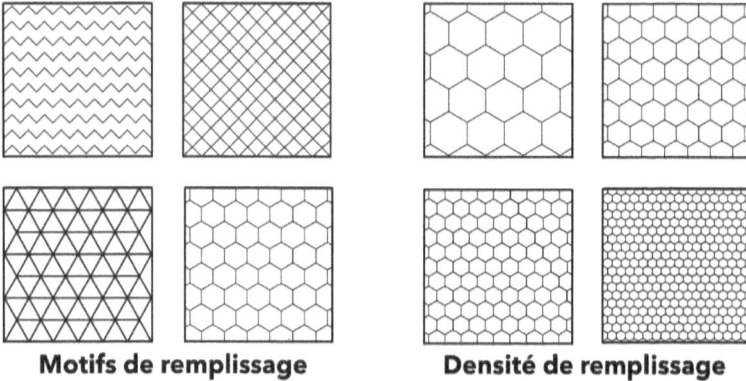

Motifs de remplissage   **Densité de remplissage**

Enfin, vous pouvez utiliser le slicer pour configurer des structures de support. Nous en avons déjà parlé ; certaines parties du modèle qui dépassent ou qui enjambent un espace ouvert peuvent nécessiter des structures de support installées en dessous pour les maintenir en place. Une fois le modèle terminé, vous pouvez les enlever. La capacité d'un slicer à créer des structures de support est une fonctionnalité très importante.

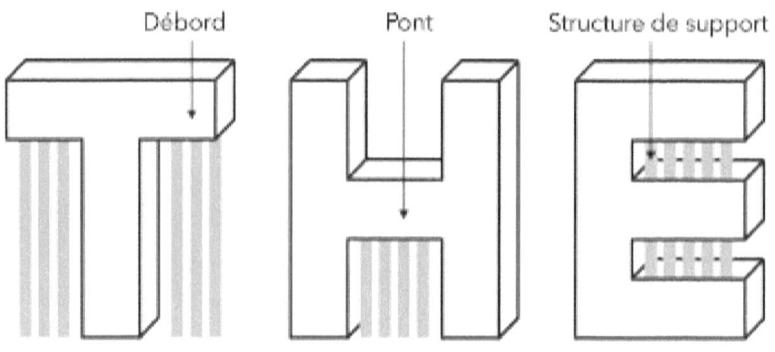

Structures de support pour débords et ponts

(Gardez à l'esprit, cependant, que toutes les parties qui dépassent ou qui font un pont ne nécessitent pas des structures de support. Une règle générale est que si chaque nouvelle couche de l'encorbellement est inférieure à 45 degrés, ou si la partie qui fait le pont est inférieure à 5 mm, vous n'avez probablement pas besoin de structures de support.)

Une fois que vous avez ajouté toutes ces entrées, le slicer utilisera toutes ces informations pour calculer les mouvements précis que la tête d'impression doit effectuer pour imprimer le modèle. Il produit ensuite un ensemble de commandes à envoyer à l'imprimante. En général, ils le font en utilisant un langage appelé G-code, qui est également utilisé dans de nombreuses autres applications de fabrication assistée par ordinateur.

Obtenir un slicer

Alors, comment se procurer un slicer ? Eh bien, si vous ne voulez pas trop vous fatiguer, vous avez de la chance : souvent, les imprimantes 3D sont livrées avec un slicer, que ce soit sur un support de stockage inclus dans le package ou disponible en téléchargement sur un site web. L'avantage d'utiliser ce slicer (en plus de la facilité à le trouver) est que vous savez qu'il est adapté à votre imprimante selon le fabricant.

Mais peut-être que votre imprimante n'a pas de slicer recommandé. Ou peut-être qu'elle en a un, mais vous ne le trouvez pas très bon. Peut-être que vous l'utilisez et que vous pensez qu'un autre slicer avec de meilleurs contrôles (ou simplement des contrôles différents) pourrait vous donner les résultats que vous recherchez. Dans ce cas, vous pourriez chercher un autre slicer. Heureusement, vous pouvez utiliser presque n'importe quel slicer avec presque n'importe quelle imprimante ; le G-code qu'un slicer génère est assez universel. (Cependant, juste pour être sûr, avant d'utiliser un slicer, vous pouvez le rechercher sur Google avec le modèle de votre imprimante et voir si quelqu'un d'autre l'a déjà essayé.)

Lorsque vous essayez un nouveau slicer, il peut falloir un peu de temps pour l'ajuster afin d'obtenir les résultats souhaités. Rappelez-vous que chaque combinaison d'imprimante, de matériau, de modèle et de slicer sera un peu différente, et il peut falloir un peu d'effort pour trouver les paramètres parfaits pour votre imprimante, votre matériau, votre modèle et votre slicer en particulier. Persévérez, continuez à ajuster les paramètres et envisagez de faire une petite impression test avant de vous lancer dans un modèle massif qui nécessitera beaucoup de matériau.

Il existe de nombreux slicers excellents. Votre choix doit se baser sur plusieurs éléments : combien êtes-vous prêt à payer ? Vous pouvez dépenser pas mal d'argent pour un excellent logiciel si vous le souhaitez. Mais il y a aussi beaucoup de slicers gratuits formidables qui peuvent largement suffire à vos besoins. Considérez également les fonctionnalités dont vous avez besoin : une option gratuite aura moins de fonctionnalités intéressantes, tandis qu'une payante en aura généralement beaucoup plus. Cependant, ce que vous pouvez obtenir avec un slicer gratuit est souvent plus que suffisant pour vos tâches d'impression standard. Pourquoi payer pour des fonctionnalités supplémentaires si vous n'en avez pas besoin ?

En général, je recommande de commencer avec un slicer gratuit, et plus tard, quand vous aurez acquis beaucoup d'expérience, vous pourrez décider si vous avez besoin de quelque chose de plus performant que votre logiciel actuel. Après tout, vous pouvez toujours dépenser plus d'argent quand vous en ressentez le besoin ; vous ne pouvez pas récupérer l'argent dépensé si vous réalisez que vous n'avez pas besoin du logiciel sophistiqué.

Enfin, vous devrez également vérifier la compatibilité ; en général, les slicers et les imprimantes auront des listes des imprimantes et des slicers compatibles.

Donc, avec tout cela en tête, voici quelques options que vous pourriez envisager lorsque vous recherchez un slicer :

Cura est généralement considéré comme l'un des meilleurs, sinon le meilleur, des slicers gratuits disponibles. Il est open-source, et si vous savez ce que vous faites, vous pouvez faire beaucoup de choses avec. Il est assez facile à utiliser pour les débutants ; pour plus de facilité, vous pouvez commencer avec ses paramètres recommandés, puis vous diversifier à partir de là si nécessaire.

Mais cette simplicité d'utilisation ne se traduit pas par une simplicité des fonctionnalités ; il peut vraiment faire beaucoup, étant donné qu'il est gratuit. Ses fonctionnalités incluent une étape de prévisualisation, où il essaie d'identifier les points de défaillance potentiels et la possibilité de surveiller les impressions à distance.

Et vous savez comment nous avons parlé du fait qu'il est excellent de choisir une imprimante populaire parce que vous trouverez beaucoup de gens en ligne qui en parlent, et vous pourrez obtenir de l'aide et des informations utiles de cette communauté ? Cura est un peu comme ça ; sa popularité signifie que vous pouvez trouver de nombreux utilisateurs, beaucoup de forums et de sites web, ainsi que des groupes en ligne, beaucoup d'informations et beaucoup d'aide en ligne.

En gros, si vous voulez passer du slicer fourni avec votre imprimante à un autre, je recommanderais de commencer avec Cura. Cura est créé par Ultimaker, qui fabrique des imprimantes 3D ; heureusement, vous n'avez pas besoin d'une de leurs imprimantes pour utiliser le logiciel. Téléchargez-le gratuitement sur ultimaker.com/software/ultimaker-cura.

Si Cura est généralement considéré comme le meilleur slicer gratuit, alors Simplify3D est généralement considéré comme le meilleur slicer payant. Si vous voulez devenir sérieux au sujet de vos impressions, cela pourrait être la voie à suivre. La liste de compatibilité de Simplify3D est impressionnante ; ils se vantent d'être compatibles avec plus d'imprimantes 3D que tout autre logiciel sur le marché.

Il a de nombreuses fonctionnalités intéressantes, y compris des simulations réalistes des impressions qui vous permettent de voir les problèmes potentiels avant même de commencer à imprimer (alors que Cura offre également des prévisualisations, l'offre de Simplify3D est, comme vous pouvez le deviner, un cran au-dessus de la version Cura). Et l'entreprise offre quelque chose que vous ne trouverez probablement pas avec un slicer gratuit : des experts que vous pouvez contacter pour obtenir de l'aide.

Mais bien sûr, cela ne vient pas sans un prix : 149 USD pour une licence. Cependant, ils proposent une période d'essai de deux semaines, donc vous pouvez l'essayer et voir si vous l'aimez avant de vous engager à dépenser de l'argent. C'est définitivement une option que je recommanderais pour les utilisateurs plus avancés ; ce n'est probablement pas le meilleur choix pour débuter votre parcours d'impression 3D. Mais si vous atteignez le point où vous avez besoin de ces fonctionnalités plus avancées, c'est une excellente option.

Consultez-le sur simplify3d.com.

Bien que les deux slicers ci-dessus soient probablement les plus largement utilisés, je voulais mentionner rapidement quelques autres options disponibles :

Tinkerine est une entreprise canadienne qui se concentre spécifiquement sur les imprimantes 3D dans les milieux éducatifs : utiliser des imprimantes 3D dans les salles de classe pour enseigner la créativité appliquée. À cette fin, ils ont un slicer très simple et facile à utiliser qui est, de manière intrigante, entièrement basé sur le cloud. Cela ne sera pas une excellente option si vous avez des modèles vraiment complexes que vous souhaitez préparer pour l'impression, mais si vous utilisez votre imprimante 3D dans un cadre éducatif – ou même si vous l'utilisez simplement avec un enfant – leur interface facile à utiliser pourrait être parfaite pour vos besoins. Et le fait que tout soit fait dans votre navigateur signifie que vous n'avez pas besoin de télécharger de logiciel sur votre bureau. Et c'est gratuit ! Consultez-le sur tinkerine.com.

Slic3r est pratiquement l'opposé de Tinkerine : il a de nombreuses fonctionnalités intéressantes, mais (et c'est souvent la malédiction des logiciels open-source) ce n'est pas forcément l'interface la plus facile à utiliser au monde, surtout si vous êtes nouveau dans l'impression 3D. Alors pourquoi en parler ? Parce que c'est pratiquement le grand-père des slicers ! Il existe depuis les premiers jours de l'impression 3D et a toujours été une entreprise gratuite, open-source et à but non lucratif. Il est très influent ; Prusa a basé son propre slicer dessus. Et il y a une grande communauté d'utilisateurs et de développeurs qui l'entoure. Comme Simplify3D, ce n'est pas forcément le meilleur slicer pour débuter, mais à mesure que vous vous enfoncerez plus profondément dans le monde de l'impression 3D, c'est une option à considérer. Obtenez-le sur slic3r.org.

ENVOYER LE MODÈLE À L'IMPRIMANTE

D'accord, vous avez votre G-code prêt à être imprimé. La dernière chose à faire est de l'envoyer à l'imprimante. La façon dont tout cela fonctionne variera en fonction de votre imprimante et de votre slicer, donc vous voudrez lire attentivement les instructions pour chacun.

Vous devez également considérer comment transférer physiquement les fichiers de votre ordinateur à votre imprimante. Vous avez plusieurs options : comme avec une imprimante de bureau, vous pouvez la connecter avec un câble USB, installer des pilotes (vous devrez peut-être aller sur le site web du fabricant de l'imprimante pour télécharger les pilotes nécessaires) et faire en sorte que votre logiciel envoie les fichiers directement à l'imprimante.

Cependant, avec certaines imprimantes, vous avez l'option de mettre le travail d'impression sur une carte SD et de l'insérer dans un emplacement sur l'imprimante. Certaines personnes préfèrent cette option car vous n'avez pas besoin de laisser votre ordinateur connecté à l'imprimante pendant les longues impressions. (Cependant, certaines imprimantes téléchargent le travail d'impression entier au début, donc vous n'avez pas besoin de laisser le câble USB branché.)

Si vous voulez la brancher, vous aurez probablement besoin d'un logiciel de contrôle. Sachez que certains slicers peuvent agir comme un logiciel de contrôle pour votre imprimante, et certains slicers nécessitent un logiciel de contrôle séparé. Par exemple, Slic3r ne fonctionne que comme un slicer, et vous avez besoin d'un autre logiciel, comme Repetier ou Repsnapper, pour l'envoyer à l'imprimante. Cependant, Simplify3D peut communiquer directement avec votre imprimante.

LOGICIEL D'IMPRESSION 3D

Comme je l'ai dit, consultez le manuel ou faites une recherche en ligne pour savoir ce que nécessitent votre imprimante et votre slicer.

Et voilà ! Vous avez maintenant toutes les pièces – matériel et logiciel – pour réaliser votre premier travail d'impression 3D.

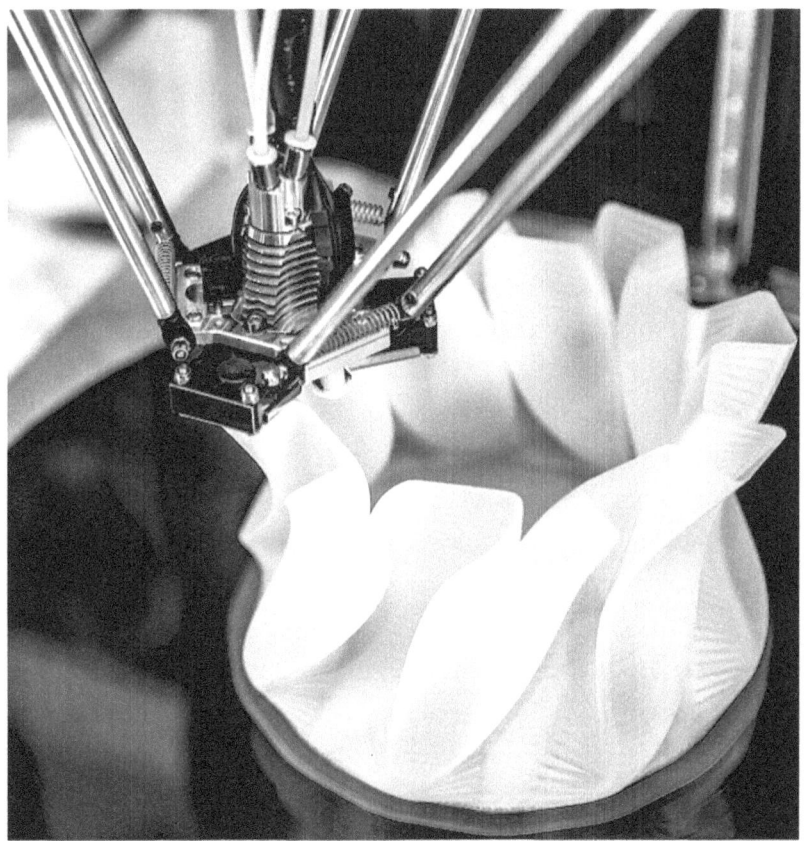

6

PREMIÈRE IMPRESSION : INSTRUCTIONS ÉTAPE PAR ÉTAPE

Maintenant que nous avons le logiciel et le matériel prêts, passons en revue les étapes de votre première impression.

1. Préparez votre fichier

Nous venons de passer en revue tout cela dans le chapitre précédent, donc je ne dirai pas grand-chose ici : vous avez déjà entendu parler de comment trouver un fichier STL et utiliser un slicer pour le préparer à l'impression. Si vous allez imprimer à partir d'une carte SD, préparez cette carte SD ; si vous allez connecter l'imprimante via un câble, assurez-vous qu'elle est prête et que les pilotes nécessaires sont installés.

Un conseil pour votre toute première impression est de choisir une impression relativement petite et simple. Vous essayez encore de vous familiariser avec tout cela, et vous ne voulez pas gaspiller une tonne de filament si vous faites une erreur. De plus, c'est votre première impression ! Vous voulez probablement qu'elle soit terminée assez rapidement pour voir comment elle s'est déroulée, plutôt que d'attendre neuf heures que l'imprimante finisse.

2. Préparez le lit d'impression

Il y a trois étapes pour préparer le lit d'impression.

Premièrement, nous devons préparer la plate-forme pour une adhésion correcte.

Cela a déjà été mentionné plusieurs fois lorsque nous parlions des accessoires et des différents types de filaments. Vous vous souvenez peut-être que certains filaments vont mieux s'y prêter que d'autres. Si vous utilisez un matériau connu pour avoir trop peu ou trop d'adhésion au lit, vous devrez envisager certaines des solutions suivantes pour que la première couche adhère correctement au lit d'impression :

- Nous avons déjà mentionné la possibilité d'acheter des accessoires pour aider.
- Vous pouvez acheter des adhésifs à étaler sur le lit d'impression pour aider à coller, comme WolfBite ou 3D Gloop.
- Si retirer l'impression à la fin est votre souci, il existe des plates-formes de construction que vous pouvez acheter et qui se plient ; ainsi, lorsque l'impression est terminée, vous pouvez soulever la plate-forme de construction du lit d'impression et la plier, et l'impression se détachera plus facilement.
- N'oubliez pas que certains lits d'impression interagiront avec différents matériaux de différentes manières. Par exemple, il est généralement plus facile de retirer une impression d'un lit en verre. Vous pouvez également acheter des lits d'impression fabriqués à partir de matériaux censés aider à l'adhésion : par exemple, j'ai vu des lits en garolite annoncés comme étant bons pour les impressions en nylon, bien que je ne puisse personnellement pas confirmer que cela fonctionne.

- Vous ne voulez pas dépenser autant d'argent ? Il y a aussi des options DIY.
- Si vous imprimez avec de l'ABS, envisagez d'étaler un bâton de colle – juste un bâton de colle ordinaire, comme vous utiliseriez pour un projet d'artisanat à la maternelle – sur le lit d'impression. Je recommande de le faire uniquement si vous utilisez un lit en verre. Faites juste attention à ne pas laisser trop de colle s'accumuler en un seul endroit ; la dernière chose que nous voulons est que le lit d'impression soit bosselé.
- Si vous imprimez avec du PLA, la laque est une option populaire ; il suffit de vaporiser uhne couche rapide et uniforme sur le lit d'impression.
- Une autre option populaire est le ruban adhésif : juste le ruban adhésif bleu pour peintre, du type que vous utilisez pour vous assurer d'avoir des lignes propres lorsque vous peignez un mur. Assurez-vous simplement de poser le ruban soigneusement : vous ne voulez pas laisser de lacunes entre les bandes, mais vous ne voulez pas non plus de chevauchements. Encore une fois, il est vital que le lit d'impression soit uniforme.
- Certaines personnes jurent également par le ruban Kapton, qui est un ruban résistant à la chaleur avec une surface dorée brillante.
- Si vous imprimez de l'ABS, vous pouvez créer une solution composée d'environ 15 cm de filament ABS dissous dans environ 60 ml d'acétone. Le liquide final devrait être un peu plus épais que l'eau, mais pas beaucoup. Une fois terminé, vous pouvez étaler cela sur le lit (qui devrait déjà être chauffé) avec un pinceau. C'est une solution efficace mais un peu plus compliquée que les bâtons de colle ou le ruban adhésif.
- N'oubliez pas qu'un lit d'impression chauffé est conçu pour maintenir les couches inférieures uniformément chauffées jusqu'à ce que l'impression soit terminée ; parfois, cela seul suffit à prévenir les

problèmes.

Vous pouvez constater que vous avez besoin d'une, de plusieurs ou d'aucune de ces méthodes pour une adhésion correcte au lit. Peut-être que vous obtiendrez les meilleurs résultats avec un lit chauffé que vous avez à la fois recouvert de ruban et vaporisé de laque. Mais il est également possible qu'avec un matériau facile à utiliser comme le PLA et le bon lit d'impression, vous n'ayez besoin de rien du tout.

Comme toujours, avant d'utiliser beaucoup de filament pour une impression massive, essayez de petites impressions de test jusqu'à ce que vous soyez sûr d'avoir une option qui fonctionnera pour vous.

Une fois cela prêt, vous devez niveler le lit. Puisque le bon fonctionnement de l'impression dépend beaucoup de l'axe Z (le mouvement de haut en bas de la tête d'impression), vous voulez vous assurer qu'un lit non nivelé ne cause pas de problèmes. Si votre lit d'impression n'est pas de niveau, cela peut gâcher vos couches inférieures.

Il existe plusieurs façons de faire cela :

- Mise à niveau de l'imprimante : Certaines imprimantes sont équipées d'une méthode intégrée pour niveler le plateau. Cela peut impliquer de cartographier les hauteurs de différents points sur le plateau (à l'aide d'un capteur dans la tête d'impression) et de modifier légèrement le mouvement de la tête d'impression pour tenir compte de l'inclinaison. Les processus comme celui-ci ont tendance à être plus faciles, mais pas toujours aussi précis que le nivellement manuel.
- Mise à niveau par logiciel : Certains slicers et programmes de contrôle d'imprimante, comme Cura, ont des fonctionnalités pour

vous aider à niveler votre plateau. Vérifiez si le logiciel que vous utilisez le permet, et suivez les instructions pour l'utiliser.
- Mise à niveau manuelle : Pour obtenir les résultats les plus précis, beaucoup de gens préfèrent niveler le plateau à la main. Cela nécessite certainement le plus de travail, mais c'est une excellente compétence à apprendre si la précision est importante pour vous.

Voici comment niveler manuellement le plateau.

1. Nettoyez soigneusement la buse et le plateau d'impression avant de commencer (sauf si c'est votre toute première impression).
2. De nombreuses imprimantes ont trois ou quatre vis sous le plateau, soigneusement positionnées dans les coins (ou deux dans les coins et une au centre du côté opposé, formant un triangle), qui peuvent être tournées pour soulever cette partie du plateau. Localisez les vis sur votre imprimante. (Certaines imprimantes n'ont pas ces vis ; si vous en avez une de celles-là, vous n'avez pas de chance ici.)
3. Si vous allez chauffer le plateau d'impression pour ce travail d'impression, certaines personnes recommandent de chauffer maintenant le plateau d'impression, car celui-ci peut se dilater et se contracter lorsqu'il est chauffé et refroidi, donc il est préférable de le niveler dans les mêmes conditions que vous prévoyez d'imprimer. (Cela signifie que le plateau sera assez chaud, alors si vous faites cela, soyez prudent !)
4. Déplacez la tête d'impression jusqu'à ce qu'elle soit juste au-dessus de l'une des vis. En général, vous pouvez le faire simplement en déplaçant la tête d'impression ou le plateau d'impression à la main.
5. Utilisez l'écran de contrôle de votre imprimante si vous en avez un, ou le logiciel de contrôle si vous n'en avez pas, pour homing l'axe Z, c'est-à-dire abaisser la tête d'impression au niveau 0. (Si vous ne savez pas comment faire tout cela sur votre imprimante

particulière, consultez le manuel.) À ce stade, il devrait y avoir juste un petit espace entre la buse et le plateau d'impression.
6. Prenez du papier : soit un petit morceau découpé dans une feuille de papier d'imprimante, soit une carte index. Glissez le papier entre la buse et le plateau d'impression. Vous devriez pouvoir le glisser, mais vous voulez qu'il y ait une certaine résistance, juste pas assez pour que le papier se plie ou se froisse. S'il y a trop ou trop peu d'espace, utilisez la vis pour ajuster la hauteur à ce point jusqu'à ce qu'elle soit où vous le souhaitez.
7. Répétez avec toutes les autres vis.
8. Une fois que vous avez fait toutes les vis, refaites-les, peut-être quelques fois. Cela vous aidera à affiner le nivellement, et chaque fois que vous ajustez une vis, vous affecterez les autres. Il faut généralement quelques séries d'ajustements pour que tout soit correct.

Enfin, si vous ne l'avez pas déjà fait dans le cadre du processus de nivellement et que vous avez besoin d'un plateau chauffé pour votre travail d'impression, préchauffez le plateau d'impression en utilisant l'écran de contrôle de l'imprimante. Consultez la température recommandée pour le matériau que vous utilisez.

Maintenant, vous êtes prêt à imprimer !

3. Préparez votre filament

Vous devez maintenant vous assurer que le bon filament est chargé dans votre imprimante.

L'alimentation du filament dans la tête d'impression peut varier légèrement en fonction de la présence ou non d'un capteur de bas niveau de filament ; consultez votre manuel pour des instructions précises.

Mais l'idée de base est celle-ci :

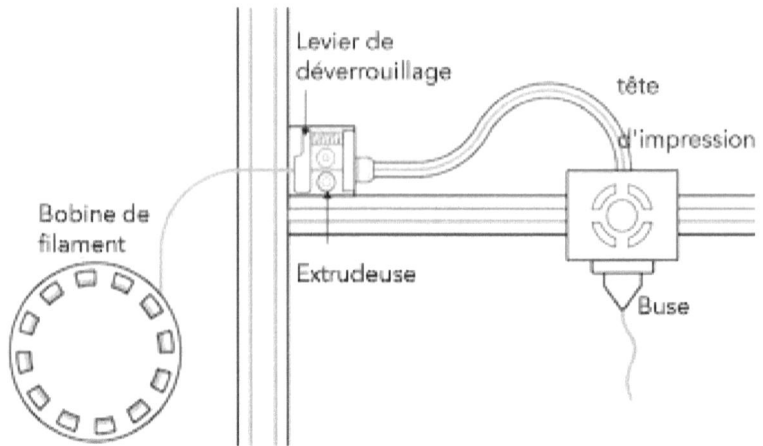

Chargement du filament de l'imprimante

1. Utilisez l'écran de contrôle de l'imprimante pour commencer à chauffer la buse. Choisissez la température en fonction de ce qui est recommandé pour le matériau que vous utilisez ; certains types nécessitent des températures plus élevées que d'autres.
2. Coupez l'extrémité de votre filament à un angle de 45 degrés ; cela facilite son alimentation dans tous les endroits nécessaires.
3. Faites passer le filament à travers le capteur de bas niveau de filament (s'il y en a un).
4. Faites passer le filament à travers l'extrudeuse. Souvent, vous devrez pousser ou presser un levier de dégagement pour desserrer les engrenages de l'extrudeuse afin de pouvoir passer le filament à travers eux.
5. En général, l'extrudeuse est connectée à la buse via un tube. Continuez à alimenter le filament dans l'extrudeuse et à travers ce

tube jusqu'à ce qu'il atteigne la buse.
6. Si la buse est chauffée, alors une fois que le filament l'atteint, il commencera à fondre et à sortir de la buse. Et vous avez terminé !

Soyez toujours prudent avec une bobine de filament ; ne laissez pas le filament se détendre et s'emmêler.

4. Impression

Enfin, il est temps d'imprimer ! Si vous utilisez une carte SD, insérez-la maintenant ; en général, vous utiliserez l'écran de contrôle de l'imprimante pour naviguer jusqu'au fichier que vous souhaitez imprimer. Si vous utilisez un câble USB, vous pouvez simplement utiliser votre logiciel de contrôle pour indiquer à l'imprimante de commencer à imprimer. Et enfin, tout votre dur travail est terminé ! Il est probablement sage de garder un œil sur les premières couches, juste pour être sûr, mais une fois que vous sentez que le travail d'impression a bien démarré, vous pouvez vous détendre et laisser l'imprimante faire son travail. (Ne la laissez pas complètement seule pendant de longues périodes, cependant ; comme les incendies sont une possibilité réelle, bien que pas très courante, il est préférable de rester raisonnablement à proximité.)

5. Retirer l'impression terminée

Des minutes ou des heures plus tard, le travail d'impression est enfin terminé. Vous l'avez fait ! Vous avez votre toute première impression, réalisée de vos propres mains ! Il est temps de l'arracher du plateau d'impression et de la montrer à tous vos proches, non ?

Faux ! Il y a une bonne et une mauvaise façon de gérer une impression une fois qu'elle est terminée, et je parie que vous détesteriez voir tout votre dur travail ruiné après l'impression.

Alors, pour éviter de trébucher juste avant la ligne d'arrivée :

Attendre

Tout d'abord, attendez. Éteignez l'imprimante, ou au moins le chauffage du plateau d'impression, et laissez l'objet fini reposer. Personnellement, j'attends que l'impression soit revenue à la température ambiante ; je détesterais la déformer en la soulevant alors qu'elle a encore un centre mou et collant. Pour une petite impression, cela peut prendre quelques minutes ; pour une impression grande ou dense, cela peut prendre jusqu'à quelques heures. Pendant que vous attendez, ce serait un bon moment pour ranger votre filament. Retirez le filament de l'imprimante, enroulez-le soigneusement autour de la bobine (vous ne voulez pas que votre filament s'emmêle, croyez-moi), et rangez-le là où vous le conservez pour qu'il reste propre et sec.

Retirer

Retirer l'impression du plateau peut être un jeu d'enfant, ou cela peut être la partie la plus difficile de l'impression. Mais si vous êtes prudent, vous pouvez y arriver.

Si vous avez utilisé un plateau flexible, il suffit de le prendre et de le plier ! Sinon, souvent, l'impression se détachera simplement du plateau en refroidissant, si vous avez de la chance. Si vous n'avez pas de chance et qu'elle reste sur le plateau, vous pouvez essayer—doucement !—de tordre ou de tirer l'impression, en tenant très près du bas.

Si cela ne fonctionne pas, vous devrez peut-être utiliser des outils pour la retirer : les grattoirs à peinture et les spatules sont populaires. Les inconvénients de cette méthode sont que les outils peuvent endommager le plateau d'impression (ou vous-même) si vous n'êtes pas prudent. Alors soyez prudent !

Si vous utilisez un grattoir ou une spatule, n'essayez pas de tout gratter ; vous ne feriez que endommager le plateau d'impression et peut-être l'impression.

Essayez plutôt ceci :

1. Placez le grattoir ou la spatule à un endroit où l'impression rencontre le plateau ; essayez de mettre le bord de celui-ci juste à cet endroit où les deux se rencontrent.
2. Utilisez un autre objet—quelque chose d'un peu lourd mais pas trop, comme le manche d'un couteau à beurre—pour tapoter doucement le manche du grattoir ou de la spatule. Vous voudrez peut-être aussi agiter doucement le grattoir/spatule.
3. Vous aurez peut-être de la chance à cet endroit, et l'impression se décollera ; sinon, faites glisser encore plus le grattoir/spatule en dessous pour essayer de la détacher. Si nécessaire, passez à un autre endroit et continuez. Répétez jusqu'à ce que l'impression se détache du plateau d'impression.

Nettoyer

Une fois que la buse et le plateau d'impression ont refroidi, nettoyez-les si nécessaire. (J'espère que vous avez suivi mon excellent conseil et déjà rangé le filament.)

J'aime enlever délicatement tout matériau de l'extérieur de la buse avec une brosse métallique. Si la buse est bouchée, vous devrez peut-être la retirer de l'imprimante et essayer de retirer le bouchon manuellement (une aiguille peut aider ici). Vous pouvez également acheter des filaments de nettoyage spéciaux conçus pour enlever les obstructions.

Si des morceaux de matériau sont collés au plateau d'impression, retirez-les. Vous ne voudrez probablement pas nettoyer soigneusement le plateau d'impression après chaque impression, car beaucoup des solutions d'adhérence pour plateau dont nous avons parlé peuvent être utilisées pour plusieurs impressions. Si vous devez nettoyer le plateau d'impression, utiliser un chiffon non pelucheux et de l'alcool à friction peut être un bon choix ; le savon et l'eau peuvent également fonctionner, mais je le recommande uniquement si le plateau d'impression peut être retiré. Vous ne voulez pas risquer de mettre de l'eau savonneuse partout sur votre imprimante.

Montrer

Maintenant, vous pouvez montrer votre produit final à tous vos amis et les impressionner en leur disant que vous avez créé quelque chose à partir de rien. Enfin, à partir d'une bobine de filament, mais vous voyez ce que je veux dire. Vous l'avez fait ! Vous avez réalisé votre première impression 3D.

Maintenant, vous pouvez passer à des impressions plus grandes et meilleures !

PREMIÈRE IMPRESSION : INSTRUCTIONS ÉTAPE PAR ÉTAPE

7

10 ERREURS COMMUNES EN IMPRESSION 3D

Alors, vous avez fait votre première impression ; comment cela s'est-il passé ?

L'expérience a-t-elle été parfaite du premier coup, ou pourrait-elle être améliorée ? Si c'était parfait : bravo à vous ! Si ce n'était pas le cas, ne vous en faites pas—cela nous arrive à tous, même à ceux d'entre nous qui le font depuis longtemps. Les imprimantes 3D sont des machines complexes avec de nombreuses pièces mobiles—à la fois littérales et figuratives—ce qui signifie qu'il y a beaucoup d'endroits où les choses peuvent mal tourner.

Mais ce n'est pas parce que cela arrive que vous devez simplement rester là à subir ! Il y a de nombreux ajustements que vous pouvez apporter à votre processus et à votre machine pour vous assurer que vos impressions et votre expérience sont bonnes. Nous allons parler de dix erreurs courantes qui peuvent gâcher votre expérience d'impression 3D et comment les éviter ou les corriger.

ERREUR 1 : NE PAS PRENDRE AU SÉRIEUX LA PREMIÈRE COUCHE

Je mets celle-ci en premier car c'est de loin la plus grande erreur. La première couche est (littéralement) la fondation de tout ce qui vient après. Si vous ne la faites pas correctement, les chances que l'impression se passe comme vous le souhaitez ne sont pas grandes.

Alors, qu'est-ce que je veux dire par première couche ? Je parle de l'adhésion au plateau, dont nous avons discuté dans les chapitres précédents. Si vous n'arrivez pas à faire adhérer le filament correctement au plateau d'impression, vous pouvez rencontrer une multitude de problèmes : l'objet que vous imprimez peut se déformer (les bords de la première couche commencent à se soulever, vous n'avez donc pas un fond plat pour votre impression), ou l'objet peut être déplacé en cours d'impression parce qu'il n'est pas suffisamment collé au plateau.

Que pouvons-nous faire à ce sujet ? Consultez la section sur les accessoires de plateau d'impression dans le chapitre 3 pour des informations sur les accessoires que vous pouvez acheter pour aider à augmenter l'adhérence. Et si vous préférez une approche DIY, consultez la section intitulée « Préparer le plateau d'impression » dans le chapitre 6 pour des solutions que vous pouvez réaliser avec des objets que vous pouvez trouver à la maison.

Voici un autre conseil utile : faites un essai rapide sur un petit objet avant de faire votre véritable impression. Ensuite, vous pouvez voir si l'objet va coller avant de vous engager dans une grande impression ; s'il échoue, il va gaspiller beaucoup de filament.

ERREUR 2 : NE PAS FAIRE DE TESTS D'IMPRESSION

En parlant de tests d'impression, je suis un grand fan, surtout si vous avez changé un aspect de votre impression. Si vous utilisez le même matériau, le même plateau d'impression, la même température que d'habitude, vous n'avez pas besoin de faire cela avant chaque impression. Mais si vous avez fait un grand changement—c'est un nouveau matériau, vous essayez une nouvelle température, vous avez une nouvelle buse, vous essayez un nouveau traitement de plateau d'impression—considérez d'abord l'impression de quelque chose de petit.

Parce que comme je l'ai dit, les imprimantes 3D sont complexes, avec de nombreux facteurs qui les affectent : le matériau, le plateau d'impression, les paramètres du logiciel, même la température de la pièce, si elle est particulièrement basse ou élevée. Il y a beaucoup de choses qui pourraient faire échouer une impression. Et ne préféreriez-vous pas qu'une petite impression que vous ne tenez pas à échoue, plutôt qu'une grande impression qui va gaspiller du filament et de l'argent ? Si vous ne voulez vraiment pas faire de test d'impression, au moins, gardez un œil sur un travail d'impression si c'est l'un de ceux où vous venez de faire un changement majeur à votre configuration.

Tant que nous sommes sur le sujet des tests d'impression, il y a un autre type de test d'impression qui est utile : les tests de torture, qui sont des modèles spécifiquement conçus pour être difficiles à imprimer (ils peuvent impliquer des surplombs, des ponts, de petits détails, des courbes, et plus encore). Ils peuvent être utilisés pour mettre à l'épreuve une nouvelle imprimante ou pour calibrer une imprimante. Vous pouvez les trouver partout sur Thingiverse ; il suffit de chercher "test de torture". Le plus célèbre est un petit bateau, que vous avez probablement déjà vu en photos si vous avez lu beaucoup de critiques d'imprimantes 3D en ligne.

ERREUR 3 : MAUVAIS STOCKAGE DU FILAMENT

Votre filament est le cœur de votre imprimante 3D, si vous me permettez cette dramatique. Vous pouvez avoir tous les autres paramètres et pièces de matériel parfaitement réglés, mais si le filament—le matériau réel à partir duquel l'impression est faite—pose problème, votre impression ne fonctionnera tout simplement pas correctement.

Il y a quelques problèmes courants liés au filament que vous pouvez rencontrer, et ils peuvent tous être résolus par un stockage et une manipulation soigneux :

Laisser le filament absorber l'humidité

Comme je l'ai mentionné précédemment, de nombreux filaments que vous utiliserez pour l'impression 3D peuvent absorber l'humidité de l'air (le mot pour cela est « hygroscopique ») ; le nylon et le PVA sont particulièrement mauvais, mais la plupart des filaments souffrent de ce problème à un certain degré.

Le danger avec cela est que si votre filament absorbe beaucoup d'humidité, alors lorsqu'il passe par la buse et chauffe, l'humidité commencera à s'échapper sous forme de vapeur (vous pourrez entendre des craquements ou des pops lorsque cela se produit). Cela peut entraîner des impressions de moindre qualité en termes d'apparence de surface, d'adhésion des couches et de solidité du matériau. Cela peut également provoquer un blocage de votre buse et de votre ensemble d'extrudeuse.

Alors, que peut-on faire à ce sujet ? Un stockage adéquat est la première étape. Si vous êtes vraiment sérieux à ce sujet ou si vous vivez dans un endroit humide, vous pourriez envisager d'acheter une boîte spéciale pour stocker le filament. Dans leur forme la plus simple, ces boîtes sont un endroit hermétique pour stocker le filament, généralement avec quelque chose pour sécher l'air à l'intérieur, comme un dessiccant. Les options plus sophistiquées incluent des boîtes qui chauffent et sèchent le filament, avec des capteurs d'humidité intégrés et tout. Vous pouvez même en obtenir avec des bobines et des trous pour que le filament soit alimenté à votre imprimante, donc si vous le souhaitez, vos belles bobines de filament ne doivent jamais rencontrer l'air libre : elles vivent dans le conteneur de stockage en permanence. Comme vous pouvez le deviner, ce genre de solution n'est pas bon marché, mais si vous gâchez beaucoup de bobines d'un type de filament coûteux, l'investissement peut en valoir la peine.

Il y a aussi des options DIY si cela vous convient mieux (ou si vous êtes moins préoccupé par l'humidité, vous vivez dans une région plus sèche, ou vous êtes simplement plus économe). Tout ce qui se scelle hermétiquement peut être utilisé pour le stockage—sacs en plastique, boîtes de rangement—et vous pouvez acheter des paquets de dessiccant ou utiliser un élément chauffant, comme ceux utilisés dans les cages de reptiles, pour garder le filament au sec. Et si vous voulez une boîte sophistiquée qui vous permet de nourrir le filament à l'imprimante sans retirer la bobine, il y a des tutoriels en ligne pour vous apprendre à les construire pour bien moins cher que ce que vous paieriez pour une en ligne.

Laisser le filament devenir poussiéreux

Un souci similaire est la poussière : comme toute personne qui a essayé de garder une pièce propre peut vous le dire, tout ce qui reste dehors finira par devenir poussiéreux. La poussière sur votre filament peut provoquer un bouchage de l'extrudeuse et de la buse.

Comme pour le problème d'humidité, une boîte de rangement peut résoudre ce problème pour vous. Une autre option à considérer est un filtre à filament, que vous pouvez imprimer en 3D et assembler chez vous. Il s'agit d'une petite pièce, généralement cylindrique, avec un peu d'éponge humidifiée avec de l'huile minérale à l'intérieur. Si vous enfilez votre filament à travers ce filtre avant de l'insérer dans l'extrudeuse, le filament sera nettoyé de la poussière en passant à travers le filtre. Vous pouvez trouver plusieurs modèles de filtres en ligne.

Laisser le filament s'emmêler

Le filament sur une bobine peut se desserrer si l'extrémité coupée du filament est laissée libre, et il peut alors s'emmêler. Si votre filament devient tellement emmêlé que la bobine ne tourne plus librement, cela pourrait causer un sérieux problème pendant l'impression.

Heureusement, la plupart des fabricants de filament sont très consciencieux pour ne pas vous donner des bobines emmêlées. Malheureusement, cela signifie que la plupart des bobines emmêlées sont causées par une erreur de l'utilisateur : soit un stockage négligent, soit une manipulation imprudente des bobines de filament. En général, si vous laissez le filament se desserrer et que vous ne faites pas attention lorsque vous le resserrez, le filament peut se croiser, causant un enchevêtrement.

Il y a deux principales façons de prévenir cela :

- Tout d'abord, lors de la manipulation d'une bobine, gardez toujours l'extrémité du filament dans une main et tirez-la suffisamment pour que le filament sur la bobine ne se desserre pas.
- Ensuite, lors du stockage du filament, ne laissez pas l'extrémité du filament pendre librement ; vous pouvez la fixer avec une pince ou

du ruban adhésif, ou avec certaines bobines, passer l'extrémité du filament à travers les trous sur le côté de la bobine jusqu'à ce qu'elle soit fixée.

La chose la plus importante ici est que l'extrémité du filament soit toujours sécurisée et suffisamment tirée pour que le reste du filament ne se desserre pas.

Si vous vous retrouvez avec un enchevêtrement dans la bobine, déroulez soigneusement le filament jusqu'à trouver l'enchevêtrement (vous aurez peut-être plus de chance en tirant les boucles du filament par-dessus le bord de la bobine, une boucle à la fois). Ensuite, enroulez-le soigneusement à nouveau, en posant chaque boucle côte à côte.

C'est un processus ardu, cependant ; je vous recommande de faire de votre mieux pour ne pas avoir d'enchevêtrement en premier lieu.

ERREUR 4 : NE PAS PRÉPARER LE MODÈLE CORRECTEMENT

Je ne saurais trop insister sur l'importance de bien réaliser l'étape du slicer. C'est là que vous transformez un modèle en une réalité, en quelque chose que l'imprimante 3D peut réellement imprimer. Alors, prenez cette étape au sérieux ! Quelques points à surveiller :

- Déterminez quels paramètres sont les meilleurs pour votre imprimante et votre matériau. C'est là qu'un petit test d'impression pourrait être utile.
- Utilisez des structures de support. Le slicer est l'endroit où vous pourrez ajouter des structures de support au modèle. Nous en avons déjà longuement parlé, mais au cas où vous auriez sauté à cette page en premier : vous avez besoin de structures de support pour soutenir

les parties du modèle qui s'étendent dans l'espace ou qui font un pont sur un vide. Lorsque l'impression est terminée, vous enlevez les structures (souvent en les coupant). Si vous n'avez pas ce support sous les surplombs et les ponts, il n'y aura pas de couches inférieures pour que les couches supérieures soient imprimées dessus, et les dessous de ces surplombs et ponts pourraient ressembler à une assiette de spaghettis en désordre.

- Faites pivoter le modèle. Vous n'êtes pas très enthousiaste à l'idée d'utiliser trop de structures de support ? Vous pouvez peut-être éviter beaucoup de difficultés dans votre impression en faisant simplement pivoter le modèle. Imaginez imprimer une lettre majuscule T : si elle est debout, vous aurez besoin de structures de support sous la barre transversale. Mais si elle est couchée sur le dos, vous n'aurez besoin d'aucune structure de support.

ERREUR 5 : NE PAS NIVELER LE PLATEAU

Nous avons beaucoup parlé du nivellement du plateau d'impression dans le chapitre précédent, mais voici l'essentiel : avoir votre plateau aussi niveau que possible est important pour une impression de bonne qualité. En fonctionnement normal, votre imprimante supposera que le plateau d'impression est de niveau et calculera la hauteur de la tête d'impression en conséquence. Si le plateau n'est pas de niveau, vous pouvez avoir des endroits dans votre impression où vous n'obtenez pas une bonne adhérence sur la couche inférieure parce que le plateau d'impression était trop loin lorsque la tête d'impression a déposé cette couche.

Si vous voulez plus de détails sur la manière de procéder, consultez le chapitre précédent.

ERREUR 6 : IGNORER L'IMPRIMANTE PENDANT SON UTILISATION

La première raison pour laquelle vous entendrez les gens dire de ne pas laisser un travail d'impression complètement sans surveillance est la sécurité. Il y a eu des cas où des imprimantes 3D ont déclenché des incendies, et si cela se produit, vous voulez que cela arrive lorsque vous surveillez le travail d'impression pour pouvoir réagir à temps. Maintenant, parce que c'est un problème connu, les imprimantes de nos jours sont souvent équipées de ce qu'on appelle la protection contre la surchauffe thermique, où elles s'éteignent s'il y a une panne ou d'autres conditions indésirables. Mais même cela n'est pas une garantie que rien n'ira jamais mal.

Une autre raison pour laquelle il est bon de surveiller les impressions est que vous pouvez arrêter l'impression si elle échoue. Si quelque chose ne va pas avec l'impression ou si l'objet que vous imprimez est renversé, vous ne voulez pas que l'imprimante continue jusqu'à la fin du travail d'impression—quel gaspillage de filament ! Si vous gardez un œil sur l'imprimante, vous pouvez l'arrêter si nécessaire.

"Et alors ?" dites-vous. "Vous voulez dire que je dois m'asseoir dans la pièce et regarder l'imprimante pendant toutes les quatorze heures d'une impression ?" Bien sûr que non ; ce serait une perte de votre temps. Mais il y a quelques choses que vous pouvez faire ; voici ce que je recommande :

- Utilisez une imprimante avec protection contre la surchauffe thermique, si possible ; ce n'est pas une solution infaillible, mais c'est certainement mieux que rien.
- Assurez-vous que toutes les parties de l'imprimante sont en bon état.
- Vérifiez l'imprimante de temps en temps pendant un travail d'impression. Une bonne règle de base est de regarder les deux premières

couches pour s'assurer qu'il n'y a pas de problème immédiat, et une fois que vous êtes satisfait que tout se passe bien, revenez et vérifiez-la de temps en temps—toutes les demi-heures à une heure, peut-être.
- Certaines imprimantes sont équipées d'une caméra qui vous permet de surveiller un travail d'impression à distance ; la Flashforge Adventurer 3 est un exemple d'une telle imprimante. Avec l'une de ces imprimantes, vos vérifications peuvent être effectuées à distance, depuis un téléphone ou un ordinateur.
- Pour vos premiers travaux d'impression avec une nouvelle imprimante, je vous recommande de ne pas la laisser sans surveillance trop longtemps, juste au cas où il y aurait eu une erreur dans votre assemblage ou si l'une des pièces est défectueuse. Une fois que vous l'avez utilisée quelques fois et que vous vous sentez un peu plus confiant, vous n'avez pas besoin de la surveiller autant, bien que je recommande toujours de ne pas commencer un nouveau travail d'impression et de partir ensuite pour un week-end à Cabo.

ERREUR 7 : NE PAS PRENDRE DE PRÉCAUTIONS DE SÉCURITÉ

Le fait que les imprimantes 3D grand public soient accessibles à la personne moyenne fait partie de leur attrait. Mais ne tombez pas dans le piège de penser que cela signifie que les imprimantes 3D sont comme l'imprimante laserjet qui est sur votre bureau depuis 1996. Ces imprimantes 3D sont formidables, mais elles peuvent certainement causer plus de problèmes que votre imprimante de bureau standard.

La première chose à faire est de s'assurer que la zone de l'imprimante est bien ventilée, car certains filaments peuvent dégager des odeurs fortes—et même devenir dangereux. L'ABS et l'ASA sont connus pour poser ce problème, mais d'autres filaments peuvent également avoir des problèmes. Il est bon de prendre l'habitude de ventiler la zone d'impression, même lorsque vous n'utilisez pas de filament connu pour être dangereux.

Faites également attention aux surfaces chaudes. Le plateau d'impression et la buse peuvent atteindre des centaines de degrés, et si vous n'y prenez pas garde, vous pouvez vous brûler avant, pendant ou après une impression (rappelez-vous qu'après l'impression et l'arrêt de l'imprimante, il peut falloir un certain temps pour que les surfaces métalliques refroidissent).

En parlant de choses chaudes, méfiez-vous des incendies. Nous en avons parlé plus haut, mais vous voudrez prendre des précautions autant que possible et garder un œil sur l'imprimante. Il est également utile de s'assurer que l'imprimante est en bon état et de remplacer les pièces si nécessaire.

Enfin, soyez prudent lors du retrait des impressions. Beaucoup de gens trouvent qu'utiliser un outil comme une spatule est le meilleur moyen de retirer des impressions collées au plateau d'impression, mais j'ai entendu plusieurs histoires de personnes se blessant en utilisant ces outils. Une spatule ou un tournevis glissant peut non seulement blesser vos mains mais aussi endommager la surface du plateau d'impression. Soyez donc réfléchi et prudent chaque fois que vous utilisez ces outils.

ERREUR 8 : IGNORER L'ENTRETIEN

Comme pour toute machine, les pièces d'une imprimante 3D peuvent s'user ou être endommagées avec le temps ; vous ne pouvez pas simplement construire l'imprimante une fois et espérer le meilleur pour toujours. Et même lorsque les pièces ne sont pas endommagées, elles peuvent se desserrer avec le temps.

Ces types de problèmes peuvent se manifester de nombreuses façons. Une buse endommagée (ou bouchée) peut entraîner des impressions de moindre qualité. Des courroies desserrées peuvent empêcher les pièces de se déplacer comme elles le devraient, entraînant des échecs d'impression. Et comme mentionné plus haut, certains problèmes matériels peuvent entraîner des incendies.

Surveillez cela ! Faites attention à toute dégradation de la qualité de vos impressions. Et vérifiez souvent votre imprimante, à la recherche d'écrous et de boulons desserrés. Cela vous aidera à obtenir des impressions de haute qualité et à éviter des situations délicates comme les incendies.

ERREUR 9 : ESSAYER DE TOUT FAIRE SEUL

Laissez-moi vous parler de moi : je suis terrible pour demander de l'aide. Quand j'obtiens un nouveau gadget ou appareil, ou si je dois en réparer un que j'ai déjà, je perds d'abord du temps à essayer de le comprendre moi-même, et ce n'est que lorsque l'expérience m'a prouvé que cela ne fonctionne pas que je demande de l'aide. Cela vous semble familier ? Je sais que je ne suis pas le seul dans ce cas.

Maintenant, vous êtes arrivé jusque-là dans un livre conçu pour vous aider à démarrer avec l'impression 3D, donc clairement, vous êtes au moins un peu disposé à chercher de l'aide. À vous, je dis : continuez. Continuez à chercher de l'aide. Il y a certaines choses que vous pouvez probablement comprendre par vous-même, comme programmer un micro-ondes. Mais ce n'est pas programmer un micro-ondes. Nous parlons d'une imprimante 3D, qui est une machine complexe contrôlée par un logiciel complexe. Les chances d'obtenir tout—tous les paramètres à la fois matériels et logiciels—corrects, simplement en essayant de les comprendre par vous-même, ne sont pas élevées.

Et vous ne voulez pas gâcher vos impressions, n'est-ce pas ? Après tout, votre imprimante 3D et votre filament vous ont coûté de l'argent.

Alors, comme je l'ai dit, demandez de l'aide. Commencez par lire le manuel—après tout, un rédacteur technique a travaillé dur pour créer ces informations pour vous—et par lire des informations comme ce livre.

Ensuite, allez en ligne et commencez à chercher de l'aide. Trouvez un groupe quelque part—Facebook, forums, etc.—qui est rempli de personnes utilisant votre imprimante pour pouvoir leur demander de l'aide. Trouvez des articles de sites Web remplis d'informations utiles, et si vous êtes un apprenant visuel, consultez YouTube. Il y a actuellement une énorme quantité d'informations absolument étonnantes et utiles sur l'impression 3D.

Apprenez de ceux qui vous ont précédé ; vous n'avez pas besoin d'apprendre par expérimentation et échec et de ruiner plusieurs impressions jusqu'à ce que vous trouviez les paramètres parfaits. Apprenez des erreurs des autres et facilitez le début de votre carrière en impression 3D.

ERREUR 10 : ABANDONNER TROP FACILEMENT

Revenons au premier chapitre de ce livre. Mon conseil y est toujours valable : gardez des attentes réalistes et continuez à essayer. L'impression 3D n'est pas toujours facile. Donc, si votre première impression ou vos deux ou cinq premières impressions ne se passent pas comme vous le souhaitez, ne vous découragez pas ! Continuez d'essayer. Lorsque l'impression échoue, ajustez certains paramètres, lisez en ligne, posez des questions sur un forum si nécessaire, et essayez à nouveau.

Vous y arriverez.

L'IMPRESSION 3D POUR LES DÉBUTANTS ET LES PASSIONNÉS

CONCLUSION

Nous y voilà, à la fin du livre ! Nous avons couvert :

- Ce qu'est l'impression 3D
- Le choix d'une imprimante
- Les accessoires utiles
- Les matériaux d'impression 3D
- Les logiciels dont vous aurez besoin
- Toutes les étapes pour votre première impression
- Dix erreurs courantes en impression 3D et comment les éviter.

J'espère que vous avez trouvé cela utile et que cela vous a donné un bon aperçu des conseils et astuces essentiels dont vous avez besoin pour commencer votre aventure dans l'impression 3D. L'impression 3D est un hobby incroyable qui a offert à des gens du monde entier du divertissement, une chance d'exercer leur créativité et d'améliorer leurs compétences techniques, et une façon de fabriquer facilement des objets utiles, décoratifs ou simplement amusants !

J'espère que ce livre vous a convaincu de rejoindre ce nombre—et j'espère qu'il vous a convaincu que vous pouvez rejoindre ce nombre ! Je sais que cela peut sembler un peu intimidant au début : tant de décisions à prendre, tant de réglages à peaufiner. Mais le fait même qu'il y ait tant d'options est l'une des choses que j'aime dans l'impression 3D : c'est tellement personnalisable. Vous pouvez choisir l'imprimante qui vous convient, avec les accessoires et les matériaux qui vous conviennent, ainsi que les logiciels qui vous conviennent. Vous pouvez personnaliser l'expérience selon ce que vous voulez, ce que vous êtes prêt à payer, combien de temps vous êtes prêt à consacrer à l'apprentissage... Et ensuite, vous pouvez créer exactement ce que vous voulez : l'objet que vous voulez dans le matériau que vous voulez à la taille que vous voulez.

Cela demande du temps et des efforts pour apprendre les ficelles du métier, mais n'oubliez pas qu'il existe tout un monde de ressources (y compris ce livre) et de personnes prêtes à vous aider ; il vous suffit d'être prêt à chercher et parfois à demander. Soyez confiant (mais assez humble pour demander de l'aide) ; soyez flexible si les choses ne se passent pas comme vous le souhaitez la première fois. Je sais que vous imprimerez comme un pro en un rien de temps.

Si vous avez aimé le livre, je vous serais reconnaissant de prendre le temps de laisser un avis sur Amazon ! Et si vous progressez dans votre parcours et avez besoin d'un peu plus d'aide, consultez les livres suivants de notre série.

Mais pour l'instant, lancez-vous et imprimez !

ÉCRIRE UN COMMENTAIRE

Je serais incroyablement reconnaissant si vous pouviez prendre juste 60 secondes pour écrire un bref avis sur Amazon, même si ce n'est que quelques phrases ! J'adore recevoir des nouvelles de mes lecteurs, et je lis personnellement chaque avis.

RÉFÉRENCES

A. (2017a, 7 novembre). Comprendre le plastique ABS dans LEGO. LEGO Ways. https://legoways.com/abs-plastic-in-lego/

C. (2017b, 29 juillet). Les double extrudeurs valent-ils le coup ? Acheter une imprimante 3D. https://tobuya3dprinter.com/dual-extruders-worth/

Griffith, B. H. (2014, 12 mars). L'impression 3D pionnière remodèle le visage d'un patient au Pays de Galles. BBC News. https://www.bbc.com/news/uk-wales-26534408

Lim, A. (2018, 2 mai). La bioimpression pourrait-elle vous sauver la vie ? ThoughtCo. https://www.thoughtco.com/what-is-bioprinting-4163337#:%7E:text=Bioprinting,%20a%20type%20of%203D%20printing%20,%20uses,organs,%20cells,%20and%20tissues%20in%20the%20human%20body.

McCue, T. J. (2020, 4 mars). Les 5 meilleures façons de gagner de l'argent avec une imprimante 3D. Lifewire. https://www.lifewire.com/make-money-with-a-3d-printer-2216

Peters, A. (2020, 6 mars). Ce village pour les sans-abri vient d'ajouter des maisons imprimées en 3D. Fast Company. https://www.fastcompany.com/90469488/this-village-for-the-homeless-just-got-a-new-addition-3d-printed-houses

RÉFÉRENCES

Sharma, R. (2013, 12 septembre). Lunettes sur mesure : le prochain point focal de l'impression 3D ? Forbes. https://www.forbes.com/sites/rakeshsharma/2013/09/10/custom-eyewear-the-next-focal-point-for-3d-printing/

Speeney, R. (2020, 31 mars). Ruban bleu pour l'impression 3D : Le guide complet [2021]. TapeManBlue. https://tapemanblue.com/blogs/tips-tricks/blue-tape-for-3d-printing

Varnak. (2020, 30 décembre). Pourquoi votre prochaine imprimante 3D devrait utiliser un contrôleur 32 bits. Mechlounge. https://mechlounge.com/why-your-next-3d-printer-should-use-a-32-bit-controller/

]

www.ingramcontent.com/pod-product-compliance
Lightning Source LLC
Chambersburg PA
CBHW031417210526
45464CB00005B/1935